Lösungsheft

Zahlen
und Größen
Klasse 8

Nordrhein-Westfalen

Cornelsen

Inhalt

Hinweise und Lösungen

Vorschlag für einen Stoffverteilungsplan

Bei der Erstellung dieses Stoffverteilungsplans gehen wir von 35 zur Verfügung stehenden Schulwochen aus. Das Schuljahr besteht zwar aus insgesamt 38 Wochen, davon bleiben drei im Stoffverteilungsplan unberücksichtigt, da der Mathematikunterricht wegen Klassenfahrten, Projektwochen usw. in der Regel nicht in 38 Schuljahreswochen planmäßig stattfindet.

Inhalt	Seite	Prozessbezogene Kompetenzen	Woche
Terme Noch fit? Terme umformen und vereinfachen Terme mit Klammern Klammern auflösen und setzen ■ Produkte von Summen ■ Binomische Formeln *Thema:* Das Pascal´sche Dreieck Vermischte Übungen Alles klar? Zusammenfassung	 6 7 11 15 19 23 28 30 33 34	*Argumentieren/Kommunizieren* ziehen Informationen aus einfachen mathematikhaltigen Darstellungen (Text, Bild, Tabelle, Graph), strukturieren und bewerten sie vergleichen und bewerten Lösungswege, Argumentationen und Darstellungen *Problemlösen* überprüfen Lösungswege auf Richtigkeit und Schlüssigkeit untersuchen Muster und Beziehungen bei Zahlen und Figuren und stellen Vermutungen auf *Modellieren* übersetzen einfache Realsituationen in mathematische Modelle *Werkzeuge* nutzen Lexika, Schulbücher und Internet zur Informationsbeschaffung	5 1.–6. (6 W.)
Lineare Gleichungen und Funktionen Noch fit? Gleichungen aufstellen und lösen Sachaufgaben systematisch lösen *Thema*: Mischungsprobleme *Thema:* Bewegungsprobleme Formeln umstellen *Methode*: Tabellenkalkulation mit dynamischer Formelsammlung *Thema:* Geschwindigkeiten im Sonnensystem ■ Lineare Funktionen erkennen und darstellen *Methode*: Modellieren Vermischte Übungen Alles klar? Zusammenfassung	 36 37 41 45 46 47 50 52 53 58 60 65 66	*Argumentieren/Kommunizieren* nutzen mathematisches Wissen für Begründungen, auch in mehrschrittigen Argumentationen *Problemlösen* planen und beschreiben ihre Vorgehensweise zur Lösung eines Problems nutzen verschiedene Darstellungsformen (Tabellen, Skizzen, Gleichungen) zur Problemlösung *Modellieren* übersetzen einfache Realsituationen in mathematische Modelle ordnen einem mathematischen Modell (Tabelle, Graph, Gleichung) eine passende Realsituation zu *Werkzeuge* nutzen Geometriesoftware zum Erkunden inner- und außermathematischer Zusammenhänge	4 7.–11. (6 W.)

■ Inhalte, die dem Niveau eines Erweiterungskurses entsprechen

Inhalt	Seite	Prozessbezogene Kompetenzen	Woche
Zufall und Wahrscheinlichkeiten Noch fit? Zufallsexperimente und Wahrscheinlichkeiten Summenregel Wahrscheinlichkeiten nutzen und deuten *Thema:* Betrüger entlarven mit Hilfe der Wahrscheinlichkeitsrechnung Vermischte Übungen Alles klar? Zusammenfassung	 68 69 73 77 80 82 85 86	*Argumentieren/Kommunizieren* geben Ober- und Unterbegriffe an und führen Beispiele und Gegenbeispiele als Beleg an *Problemlösen* nutzen verschiedene Darstellungsformen (Tabellen, Skizzen, Gleichungen) zur Problemlösung nutzen Algorithmen zum Lösen mathematischer Standardaufgaben *Modellieren* übersetzen einfache Realsituationen in mathematische Modelle (Zuordnungen, lineare Funktionen, Gleichungen, Zufallsversuche) *Werkzeuge* nutzen Lexika, Schulbücher und Internet zur Informationsbeschaffung	12.–15. (4 W.)
Zinsrechnung Noch fit? Begriffe der Zinsrechnung *Methode:* Zinsrechnung mit dem Taschenrechner Tageszinsen und Zinseszinsen berechnen *Thema*: Rund ums Girokonto *Methode:* Ratensparen mit einem Tabellenkalkulationsprogramm *Methode:* Kredite und Tilgung mit einem Tabellenkalkulationsprogramm Vermischte Übungen Alles klar? Zusammenfassung	 88 89 92 95 99 100 102 104 109 110	*Argumentieren/Kommunizieren* erläutern die Arbeitsschritte bei einfachen mathematikhaltigen Verfahren (Konstruktionen, Rechenverfahren, Algorithmen) mit eigenen Worten und geeigneten Fachbegriffen *Problemlösen* überprüfen bei einem Problem die Möglichkeit mehrerer Lösungen und Lösungswege Modellieren überprüfen die im mathematischen Modell gewonnenen Lösungen an der Realsituation und verändern ggf. das Modell *Werkzeuge* nutzen Lineal und Geodreieck zum Messen und genauen Zeichnen nutzen den Taschenrechner	16.–20. (5 W.)
Dreiecke und Vierecke Noch fit? Umfänge und Flächeninhalte von Dreiecken Vierecke charakterisieren und benennen *Methode:* Besondere Vierecke konstruieren Umfänge und Flächeninhalte von Vierecken *Thema:* Dreiecke und Vierecke in der Architektur Vermischte Übungen Alles klar? Zusammenfassung	 112 113 117 120 123 128 130 133 134	*Argumentieren/Kommunizieren* ziehen Informationen aus einfachen mathematikhaltigen Darstellungen (Text, Bild, Tabelle, Graf), strukturieren und bewerten sie *Problemlösen* nutzen Algorithmen zum Lösen mathematischer Standardaufgaben und bewerten ihre Praktikabilität nutzen verschiedene Darstellungsformen zur Problemlösung *Modellieren* ordnen einem mathematischen Modell eine passende Realsituation zu *Werkzeuge* nutzen Lexika, Schulbücher und Internet zur Informationsbeschaffung nutzen den Taschenrechner	21.–25. (5 W.)

Inhalt	Seite	Prozessbezogene Kompetenzen	Woche
Daten Noch fit? Daten erheben, auswerten und darstellen *Methode:* Boxplots Daten und Darstellungen kritisch betrachten *Methode:* Tabellenkalkulationen - Diagramme erstellen Vermischte Übungen Alles klar? Zusammenfassung	 136 137 142 143 146 148 151 152	*Argumentieren/Kommunizieren* vergleichen und bewerten Lösungswege, Argumentationen und Darstellungen *Problemlösen* überprüfen Lösungswege auf Richtigkeit und Schlüssigkeit *Modellieren* übersetzen einfache Realsituationen in mathematische Modelle *Werkzeuge* tragen Daten in elektronischer Form zusammen und stellen sie mit Hilfe einer Tabellenkalkulation dar nutzen Lexika, Schulbücher und Internet zur Informationsbeschaffung	2 26.–29. (4 W.)
Prismen Noch fit? Prismen erkennen und zeichnen Mantel- und Oberflächeninhalt berechnen Volumen berechnen *Thema:* Verpackungen von Schokolinsen Vermischte Übungen Alles klar? Zusammenfassung	 154 155 159 163 166 168 171 172	*Argumentieren/Kommunizieren* erläutern die Arbeitsschritte bei mathematischen Verfahren mit eigenen Worten und geeigneten Fachbegriffen *Problemlösen* nutzen Algorithmen zum Lösen mathematischer Standardaufgaben und bewerten ihre Praktikabilität *Modellieren* übersetzen einfache Realsituationen in mathematische Modelle *Werkzeuge* nutzen Lexika, Schulbücher und Internet zur Informationsbeschaffung	31.–35. (5 W.)

Terme

In diesem Kapitel wird zunächst noch einmal auf das Vereinfachen von Termen in Summen eingegangen, damit diese Termumformungen auch in Lerngruppen, in denen das Kapitel Terme und Gleichungen in Klasse 7 nicht behandelt wurde, eingeübt werden können. Im Anschluss daran erfolgt im Sinne des Spiralprinzips eine Einführung in weitere Termumformungen bei einfachen Produkten von Termen bzw. bei Produkten von Summen. Neben der Einübung der Termumformungen wird wie in Klasse 7 auch in diesem Kapitel besonderer Wert auf eine konsequente Veranschaulichung von Termen durch Flächen und Längen gelegt. Die letzten beiden Lerneinheiten zu Produkten von Summen und zu den binomischen Formeln sind nur für E-Kurse verpflichtend.

6 Noch fit?

1 *Vorzeichenregeln bei der Multiplikation, Division und Subtraktion rationaler Zahlen ergänzen*

a) positiv **b)** negativ **c)** Gegenzahl

2 *mit rationalen Zahlen rechnen (Grundrechenarten)*

a) -68 **b)** -11 **c)** -8 **d)** -12 **e)** 300
f) 7 **g)** -82 **h)** 174

3 *Terme für das Vielfache von Zahlen angeben*

x steht für „eine Zahl".

a) $2x$ **b)** $10x$ c) $\frac{1}{4}x$ oder $x:4$
d) $3{,}4x$ **e)** $0{,}705x$ **f)** $110x$ oder $x:10$

4 *Koeffizienten ablesen*

a) 4 **b)** -6 **c)** $\frac{3}{4}$ **d)** $0{,}4$ **e)** $\frac{1}{3}$ **f)** $-\frac{1}{8}$ **g)** 1 **h)** -1 **i)** $-\frac{5}{7}$

5 *Rechenbäume ergänzen; passenden Term angeben*

a)

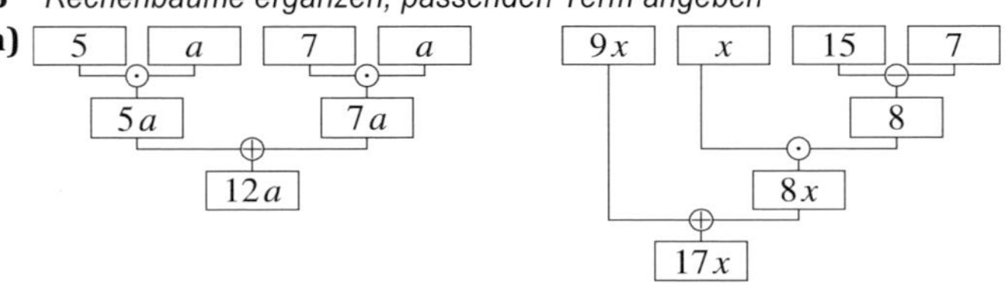

b) $5a + 7a$ $9x + x \cdot (15 - 7)$

6 *Termwerte bestimmen*

a) 37 **b)** -8 **c)** 280 **d)** 36 **e)** 12 **f)** 91

7 *Summanden mit gleicher Variable zusammenfassen*

a) $11x$ **b)** $-0{,}7b$ **c)** 0 **d)** z **e)** $5x + 3$

6 Bunt gemischt

1. 76 €
2. um $15\,\%$
3. 300 €
4. Die Mittelsenkrechte einer Strecke ist die Gerade, die senkrecht durch deren Mittelpunkt verläuft. Die Winkelhalbierende eines Winkels ist die Gerade, die den Winkel in zwei gleich große Winkel teilt.

7 Terme umformen und vereinfachen

Erforschen und Entdecken

1 *Terme vereinfachen; Einführung der Multiplikation von Termen*

a) ① $8x$; ② $4x + 4y$; ③ $6x + 4y$; ④ $6x + 2y$

b) ① $4x^2$; $2x \cdot x + 2x \cdot x$; $2x^2 + 2x^2$; $2x \cdot 2x$ ② $2x \cdot 2y$; $4xy$
③ $6xy$; $3x \cdot 2y$; $3xy + 3xy$ ④ $x^2 + xy + x^2 + xy$; $2x^2 + 2xy$

c) individuell verschieden, Regeln siehe Seite 8 in „Lesen und Verstehen"

2 *Äquivalenz von Termen mit Hilfe der Berechnung von Termwerten zeigen*

a)

a	b	$2a+3b+7a$	$3a \cdot 4b$	$9a+5b-2b$	$6b \cdot 2a$	$3a+4b$
3	5	$6+15+21=42$	$9 \cdot 20 = 180$	$27+25-10=42$	$30 \cdot 6 = 180$	$9+20=29$
2	-1	$4-3+14=15$	$6 \cdot (-4) = -24$	$18-5+2=15$	$-6 \cdot 4 = -24$	$6-4=2$
-3	-3	$-6-9-21=-36$	$-9 \cdot (-12) = 108$	$-27-15+6=-36$	$-18 \cdot (-6) = 108$	$-9+(-12)=-21$

b) Die Ergebnisse der dritten und fünften Spalte sowie der vierten und sechsten Spalte sind jeweils gleich. Zusammengefasst bzw. vereinfacht ergeben sich jeweils gleiche Terme ($9a + 3b$ sowie $12ab$).

c) z.B.: $3(a + c) + 3(b - c) + b$

d) individuell verschieden, z.B.:

$9a+b+2b$	$12a \cdot b$	$7a+2a+3b$	$10ab+2ab$	$a+4b+2a$

3 *Term (Oberflächeninhalt eines Quaders) aufstellen*

a) 22 cm^2, denn $2 \cdot 2 \cdot 3 + 2 \cdot 2 \cdot 1 + 2 \cdot 3 \cdot 1 = 12 + 4 + 6 = 22$

b) $2ab + 2ac + 2bc$
Vergleiche z.B. mit $2(ab + ac + bc)$ oder $ab + ac + bc + ab + ac + bc$.

4 *Netz zeichnen; Terme für den Oberflächeninhalt einer quadratischen Säule aufstellen*

Zeichenübung:
Netz mit zwei Quadraten $2\text{ cm} \times 2\text{ cm}$ und vier Rechtecken (Mantelfläche) $2\text{ cm} \times 3\text{ cm}$

a) 32 cm^2 **b)** $2a^2 + 4ah$ **c)** $2a^2 + 4 \cdot a \cdot 2a = 10a^2$

8 Basisaufgaben

1 *Terme zur Berechnung von Streckenlängen angeben*

a) $5x + 3y$ **b)** $3x + 2y + 2 \cdot 3y = 3x + 8y$ **c)** $4x + 2 \cdot 2y + 4y = 4x + 8y$

8 **2** *Terme ordnen und zusammenfassen*

a) $a+a+b+b+b+c=2a+3b+c$
b) $x+x+x+y+y+y+y+z+z+z=3x+4y+3z$
c) $ab+ab+ab+cd+cd=3ab+2cd$

3 *Terme (ordnen und) zusammenfassen*

a) $8a$ **b)** $15b$ **c)** $18x$ **d)** $10a+14b$
e) $19\,(a+b)$ **f)** $7x+5y$ **g)** $34x+5y$ **h)** $4c+5d$

4 *Terme vereinfachen*

a) $9a-2b$ **b)** $10x-5y$ **c)** $14a+2b$ **d)** $19a-12b$ **e)** $-35c-5d$

5 *Fehler beim Zusammenfassen von Termen finden, begründen und korrigieren*

	Fehler	korrekt
a)	Es wurden Koeffizienten verschiedener Variablen addiert, die Variablen wurden multipliziert.	keine Zusammenfassung möglich
b)	In einem Produkt zweier Variablen wurde eine der beiden Variablen subtrahiert.	keine Zusammenfassung möglich
c)	Die Variable wurde bei der Zusammenfassung weggelassen.	$10ab$
d)	Die Variablen wurden multipliziert statt addiert.	$8a$
e)	Die Variablen wurden multipliziert statt addiert.	$2x^2$
f)	Die Variable wurde bei der Zusammenfassung weggelassen.	$4y$

9 **6** *Terme (ordnen und) zusammenfassen*

a) $16a+16b$ **b)** $7a+11b+14c$ **c)** $32u+18v+22w$
d) $18+75x+85y$ **e)** $1207d+757e+876f$ **f)** $788a+1339b+579c$
g) $1756x+3084y$ **h)** $14+21a+30b$ **i)** $40x+75y$

7 *Terme vereinfachen durch Zusammenfassen (mit Dezimalbrüchen)*

a) $14{,}5c-d$ **b)** $3y$ **c)** $4{,}6a-3{,}6b$ **d)** $-11t$

8 *Termwerte berechnen; Term vereinfachen*

Die Rechnungen kann man verkürzen, indem man vor dem Einsetzen zusammenfasst zu $2x+4y$.

a) 22 **b)** 4

9 *Terme für den Umfang von Figuren angeben; berechnen*

① $u=4a$; $u=16{,}8$ cm ② $u=10b$; $u=25$ cm ③ $u=3c$; $u=14{,}4$ cm

10 *Terme für den Umfang gegebener Figuren angeben*

Bezeichnungen individuell verschieden; abhängig von Variablenwahl:

a) $2a+3b$ **b)** $2c+2d$ **c)** $2e+2f$ **d)** $2g+3h+2i$

11 *Terme zusammenfassen (mit Brüchen)*

a) $5a+\frac{2}{3}b$ **b)** $\frac{4}{5}a+2b$ **c)** $\frac{6}{7}a+\frac{3}{5}b$ **d)** $\frac{2}{3}b+\frac{7}{9}c$
e) $\frac{1}{2}s+\frac{5}{2}t$ **f)** $\frac{5}{8}a+\frac{3}{5}b$ **g)** $\frac{7}{8}u+\frac{3}{4}v$ **h)** $x+\frac{4}{5}y$

12 *Summe gleicher Potenzen als Produkte schreiben*

a) $6r^2$ **b)** $3a^5$ **c)** $4y^4$ **d)** $8z^3$

13 *Summe gleicher Potenzen als Produkte schreiben (mit Koeffizienten)*

a) $5x^2$ **b)** $6x^2$ **c)** y^2 **d)** $11x^3$ **e)** $24y^2$
f) $3y^5$ **g)** $4x^2$ **h)** $4x^3$ **i)** $4y^2$ **j)** $2x^2+4y^2$

14 *Produkt gleicher Faktoren als Potenz schreiben*

a) b^2 **b)** y^3 **c)** z^4 **d)** p^4 **e)** m^6 **f)** h^8

15 *Werte von Potenzen berechnen*

a) 4; 4 **b)** 8; −8 **c)** 32; −32 **d)** 128; −128

16 *Produkte vereinfachen (mit Potenzen))*

a) $20a^2$ **b)** $36xy$ **c)** $4ab$ **d)** $7xy$ **e)** $108ax$
f) $119pq$ **g)** $8a^2$ **h)** $91x^2$ **i)** $24x^3$ **j)** $28y^3$

17 *Terme für Flächeninhalt bzw. Volumen zuordnen und vereinfachen; Umfangsterm angeben*

a) rot: $2x\cdot 3y=6xy$
blau: $2x\cdot 3y\cdot x=6x^2y$
ocker: $3x\cdot 4x\cdot 2x=24x^3$
grün: $4x\cdot 2x=8x^2$

b) rot: $2\cdot(3x+2y)=6x+4y$
blau: $4\cdot(2x+x+3y)=12x+12y$
ocker: $4\cdot(4x+2x+3x)=4\cdot 9x=36x$
grün: $2\cdot(2x+4x)=2\cdot 6x=12x$

10 **Weiterführende Aufgaben**

18 *Variable mit Koeffizient als Summe oder Differenz schreiben*

Es gibt eine Vielzahl von Möglichkeiten, z.B.:

a) $7a-5a$; $a+a$ **b)** $-8x+9x$; $10x-9x$
c) $2{,}46b-1{,}23b$; $b+0{,}23b$ **d)** $-10y+4y$; $-3y-3y$
e) $x-2x$; $-100x+99x$

19 *Terme passend ergänzen*

a) $16t$ **b)** $4x$; $15{,}3a$ **c)** $120a$; $5b$ **d)** $3ab$; $12a$

20 *vorgegebene Terme passend addieren*

$\frac{1}{2}x+\frac{2}{5}x+\frac{2}{3}y+\frac{4}{15}y$

10 **21** *Terme für Flächeninhalte von Spielfeldern angeben*

a) $8a \cdot 8a = 8^2 \cdot a^2 = 64a^2$
b) $12a \cdot 12a = 12^2 \cdot a^2 = 144a^2$
c) Weiße und braune Felder liegen im Spielfeld je zur Hälfte vor:
weiße Platten: $32a^2$; braune Platten: $4 \cdot 12a^2 + 4 \cdot 8a^2 = 80a^2$
d) Spielfeld: $64 \cdot (0{,}4\text{ m})^2 = 10{,}24\text{ m}^2$
weiße Platten: $32 \cdot (0{,}4\text{ m})^2 = 5{,}12\text{ m}^2$
braune Platten: $80 \cdot (0{,}4\text{ m})^2 = 12{,}8\text{ m}^2$

22 *Produkte vereinfachen (mit negativen Vorzeichen)*

a) $8a^2$ **b)** $-21m^2$ **c)** $-14x^3$ **d)** $-24b^3$ **e)** $-0{,}1y^2$ **f)** $-8a^3$

23 *Produkte vereinfachen (mit gemischten Variablen)*

a) $255a^2b$ **b)** $180xy^2$ **c)** $1{,}8m^2x^2$ **d)** $24ax^2y^2$
e) $35xy^2$ **f)** $350a^2b^2$

24 *Fehler beim Vereinfachen von Termen erklären und korrigieren*

Auch x muss multipliziert werden, also $21x^2$.
Auch a muss multipliziert werden, also $48a^3$.
b kommt als Faktor nicht zweimal vor, also nur $24a^2b$.
Verschiedene Variablen und deren Vielfache dürfen nicht zusammengefasst werden.
9 und 8 müssen multipliziert werden, nicht addiert, also $72ab$.
Das dreifache Produkt von a ist a^3.
Die vierfache Summe von x ist $4x$.

25 *Terme ergänzen*

a) 5 **b)** $5x$ **c)** $9a$ **d)** $5b$ **e)** $8a^2b$ **f)** $-8a$ **g)** $2a$
Lösungswort: NAMIBIA (Kontinent: Afrika)

26 *Auswirkung der Veränderung von Seitenlängen beim Flächeninhalt eines Rechtecks untersuchen*

	a wird verdoppelt	a wird verdreifacht	a wird vervierfacht
b wird verdoppelt	$2a \cdot 2b = 4ab$	$3a \cdot 2b = 6ab$	$4a \cdot 2b = 8ab$
b wird verdreifacht	$2a \cdot 3b = 6ab$	$3a \cdot 3b = 9ab$	$4a \cdot 3b = 12ab$
b wird vervierfacht	$2a \cdot 4b = 8ab$	$3a \cdot 4b = 12ab$	$4a \cdot 4b = 16ab$
b wird halbiert	$2a \cdot 0{,}5b = ab$	$3a \cdot 0{,}5b = 1{,}5ab$	$4a \cdot 0{,}5b = 2ab$

27 *Auswirkung der Veränderung von Kantenlängen beim Volumen eines Quader untersuchen*

Volumen eines Quaders mit quadratischer Grundfläche: $a^2 \cdot b$

	a wird verdoppelt	a wird verdreifacht	a wird vervierfacht
b wird verdoppelt	$(2a)^2 \cdot 2b = 8a^2b$	$(3a)^2 \cdot 2b = 18a^2b$	$(4a)^2 \cdot 2b = 32a^2b$
b wird verdreifacht	$(2a)^2 \cdot 3b = 12a^2b$	$(3a)^2 \cdot 3b = 27a^2b$	$(4a)^2 \cdot 3b = 48a^2b$
b wird vervierfacht	$(2a)^2 \cdot 4b = 16a^2b$	$(3a)^2 \cdot 4b = 36a^2b$	$(4a)^2 \cdot 4b = 64a^2b$
b wird halbiert	$(2a)^2 \cdot 0{,}5b = 2a^2b$	$(3a)^2 \cdot 0{,}5b = 4{,}5a^2b$	$(4a)^2 \cdot 0{,}5b = 8a^2b$

11 Terme mit Klammern

Erforschen und Entdecken

1 *anhand von Beispielen Regeln für das Auflösen von Klammern entwickeln*

32	36	30	70	Jeweils zwei Ergebnisse sind stets
32	36	116	40	gleich, immer eines mit und eines ohne
8	50	30	70	Klammer.

a) Bei „plus" vor der Klammer kann diese weggelassen werden.
b) Bei „minus" vor der Klammer kann diese weggelassen werden, wenn alle Zahlen in der Klammer entgegengesetzte Vorzeichen bekommen.
c) $8 - 4 - 1$
Die Klammer wurde weggenommen, so dass vor der 4 nun schon ein Minuszeichen steht. Vor 1 muss auch ein Minuszeichen gesetzt werden.

2 *Regel für das Auflösen einer Minusklammer in einem Anwendungsbeispiel nutzen*

a) einzelne Subtraktion der Eintrittsgelder bei $50 - x - y$
Subtraktion der gesamten Eintrittsgelder bei $50 - (x + y)$
b) Ja. Wenn z.B. $x = 12$ € und $y = 8$ € sind, ergibt sich als Restgeld jedes Mal 30 €.
c) Klammer weglassen, sodass ein Minus vor x steht; vor y auch ein Minuszeichen setzen

3 *Regel für das Auflösen einer Plusklammer anhand von Kontobewegungen aufstellen*

a) $108{,}00 + 1350{,}00 - 2{,}50 = 1455{,}50$
b) $108{,}00 + 1350{,}00 - 2{,}50 = 108{,}00 + (1350{,}00 - 2{,}50)$

4 *Regel für das Auflösen einer Minusklammer anhand von Kontobewegungen aufstellen*

a) 1174,50 Die neuen Ein- und Ausgänge werden nacheinander berechnet.
b) 1174,50 In der Klammer wird das Soll berechnet.
c) Die Ergebnisse sind gleich.

5 *Rechenwege mit und ohne Klammern anhand von Kontobewegungen angeben*

$1174{,}50 + 565 - 185 - 150 = 1174{,}50 - (185 + 150 - 565) = 1404{,}50$

12 Basisaufgaben

1 *Terme ohne Klammer schreiben (mit Pluszeichen vor der Klammer)*

a) $a + x + y$ **b)** $p + r + s$ **c)** $x + a + 12$ **d)** $v + 7 - m$
e) $4x - y + 4$ **f)** $-m - 3n - 3$

2 *Terme ohne Klammer schreiben (mit Minuszeichen vor der Klammer)*

a) $a - b - c$ **b)** $d - e - f$ **c)** $x - y - 3$ **d)** $12 - k + n$
e) $5x + a - 4$ **f)** $-n + 5n + 9$

3 *Terme ohne Klammer schreiben (mit Plus- oder Minuszeichen vor der Klammer)*

a) $5 - a - b$ **b)** $6 - x - a$ **c)** $x + 14 - y$ **d)** $8 - r + s$
e) $y + z + 5$ **f)** $y - x + 7$ **g)** $y - 8 - x$ **h)** $y + m + z$

12 **4** *Terme ohne Klammer schreiben und zusammenfassen*

a) $3a$ **b)** a **c)** a **d)** $-a$ **e)** $-a$ **f)** a **g)** a **h)** $3a$

5 *Termumformungen durch Einsetzen von Werten prüfen*

	linker Term	rechter Term	Ergebnis	korrekte Umformung
a)	$10+(2+3)=15$	$10+2+3=15$	richtig	
b)	$10-(2-3)=11$	$10-2+3=11$	richtig	
c)	$10+(2-3)=9$	$10+2+3=15$	falsch	$a+(b-c)=a+b-c$
d)	$10-(2+3)=5$	$10-2-3=5$	richtig	
e)	$10-(-2+3)=9$	$10-2-3=5$	falsch	$a-(-b+c)=a+b-c$

6 *prüfen, ob das Kommutativgesetz bei der Subtraktion gilt*

Das Vertauschen verändert den Term. Die zuvor positiven $15x$ sind nun negativ, die zuvor negativen $9y$ sind nun positiv. Das Vertauschungs- oder Kommutativgesetz gilt bei der Addition, nicht aber bei der Subtraktion.
(Es hätte sich jedoch nichts verändert, wenn er die Vorzeichen mit vertauscht hätte: $15x-9y=-9y+15x$)

7 *Klammer setzen, so dass ein Term möglichst groß bzw. klein wird*

größter Wert $3-(5-4)+8=10$; kleinster Wert $3-5-(4+8)=-14$

8 *Termumformung inklusive Vorzeichen passend ergänzen*

a) $-3ab$; $-b^2$ (oder b^2; $3ab$) **b)** $-5xy$; $-3y^2$ (oder $3y^2$; $5xy$)

13 **9** *Terme zusammenfassen (Zahlen und einfache Variablen)*

a) $-2-2b$ **b)** $2x+19$ **c)** $y-9$
d) $2a+7$ **e)** $2a-b+c$ **f)** $2x+2$

10 *Terme ohne Klammern schreiben, ordnen und zusammenfassen (Variablen mit Koeffizient)*

a) $8a+4b+3a+2b=8a+3a+4b+2b=11a+6b$
b) $8a+4b+3a-2b=8a+3a+4b-2b=11a+2b$
c) $8a+4b+3a-2b=8a+3a+4b-2b=11a+2b$
d) $8a+4b-3a+2b=8a-3a+4b+2b=5a+6b$

11 *Terme ohne Klammern schreiben und zusammenfassen (Variablen, Zahlen, Potenzen)*

a) $14a+3b$ **b)** $6e-6f$ **c)** $20m-9$ **d)** $8a+9$
e) $11a+4b$ **f)** $5a^2-a^2b$ **g)** $3{,}6a-7{,}2b$ **h)** $3a^2+5a+4$

12 *Terme ohne Klammern schreiben und zusammenfassen*

a) $6c-6d+7$ **b)** $22ab-17a-6b-25$
c) $15{,}5x-2{,}6y-3{,}4z$ **d)** $10y-31$

13 **13** *Terme ohne Klammern schreiben, ordnen und zusammenfassen (z.T. mit Potenzen)*

a) $5x-8x-3y=-3x-3y$
b) $-11-10+a=a-11-10=a-21$
c) $8a+7b-2b=8a+5b$
d) $-3x+3y$
e) $4a-7b$
f) $5a+b-3a+b-c=5a-3a+b+b-c=2a+2b-c$
g) $3x^2+7x+x^2-x=3x^2+x^2+7x-x=4x^2+6x$
h) $-18c+7d-13c+11d=-18c-13c+7d+11d=-31c+18d$
i) $0{,}6y-3{,}2y-0{,}7=-2{,}6y-0{,}7$
j) $-5x-3y+2+3x-2y+1=-5x+3x-3y-2y+2+1=-2x-5y+3$
k) $-2x-3y+5z+5x-7y+8x-3z=-2x+5x+8x-3y-7y+5z-3z$
$=11x-10y+2z$
l) $-4{,}3a^2+5{,}9ab+2{,}1a^2+5{,}7ab=-4{,}3a^2+2{,}1a^2+5{,}9ab+5{,}7ab$
$=-2{,}2a^2+11{,}6ab$

14 *Zahlenrätsel als Term schreiben; Zahl auf unterschiedliche Weise berechnen*

a) $319+(258+78)$
Rechenwege: 1) $319+258+78=655$ 2) $319+(258+78)=319+336=655$
b) $475-(45+365)$
Rechenwege: 1) $475-45-365=65$ 2) $475-(45+365)=475-410=65$

15 *Termwerte im Kopf berechnen*

	a	b	c	$a-(b+c)$	$a-b+c$	$a-b-c$
a)	8	2	3	$8-5=3$	$8-2+3=9$	$8-2-3=3$
b)	−7	5	−1	$-7-4=-11$	$-7-5-1=-13$	$-7-5+1=-11$
c)	−5	−4	7	$-5-3=-8$	$-5+4+7=6$	$-5+4-7=-8$
d)	−3	−2	0	$-3-(-2)=-1$	$-3+2+0=-1$	$-3+2-0=-1$

16 *Terme der Größe nach vergleichen (ohne Berechnung)*

a) $<$, denn links wird 4 subtrahiert, rechts wird 4 addiert.
b) $<$, denn links werden zwei positive Zahlen (5 und 2) subtrahiert, während rechts nur die Differenz dieser Zahlen ($5-2$, also 3) subtrahiert wird.
c) $=$, denn nach Entfernen der Plusklammer auf der linken Seite steht auf beiden Seite der gleiche Term.

17 *Terme passend ergänzen*

a) $3z$ **b)** $2u$; $2v$ **c)** $3b$; a **d)** z.B. $9n$; $6m$; $-p$

18 *Klammern setzen, so dass Aussage wahr wird (jeweils ein Klammernpaar)*

a) $12-(4-9)=17$ **b)** $8-(3+5)=0$
c) $17-4-(5+3)=5$ **d)** $24-(7-3-4)=24$

13 **19** *Klammer setzen, so dass Aussage wahr wird*

a) $2a - (2a + b) + 2b = b$

b) $-(a + b) = -a - b$

c) $x - (x + y) - y = -2y$

d) $(2a + b) - 3a - 5b = -a - 4b$ oder $2a + (b - 3a - 5b) = -a - 4b$

14 Weiterführende Aufgaben

20 *Terme passend ergänzen (Ausdrücke in Klammern)*

a) $12 - b$ **b)** $-7 + z$ **c)** $-2d - 5$ **d)** $4n + 3$

e) $9s - 10t$ **f)** $-5b + 6m$ **g)** $-2y - 5z$

21 *geschachtelte Klammern auflösen, ordnen und zusammenfassen*

a) $3c + 5d - (6c + 12) = 3c + 5d - 6c - 12 = 3c - 6c + 5d - 12 = -3c + 5d - 12$

b) $9a + 2x - (6x + 5a) = 9a + 2x - 6x - 5a = 9a - 5a + 2x - 6x = 4a - 4x$

c) $-7a - 5b - 6c + (2a + 5b) = -7a - 5b - 6c + 2a + 5b$
$= -7a + 2a - 5b + 5b - 6c = -5a - 6c$

d) $6y - 16x - 9y + 12x + (3y + 8x) = 6y - 16x - 9y + 12x + 3y + 8x$
$= 6y - 9y + 3y - 16x + 12x + 8x = 4x$

e) $12x - 9y - 15x - (10y - 6x) + y = 12x - 9y - 15x - 10y + 6x + y$
$= 12x - 15x + 6x - 9y - 10y + y = 3x - 18y$

f) $6x - 3y - x + (11y - 9x) + (9x - 8y) = 6x - 3y - x + 11y - 9x + 9x - 8y$
$= 6x - x - 9x + 9x - 3y + 11y - 8y = 5x$

g) $17x - 9y + 14y + (2y - 11x) - 7y = 17x - 9y + 14y + 2y - 11x - 7y$
$= 17x - 11x - 9y + 14y + 2y - 7y = 6x$

22 *Termausdrücke vergleichen*

Thimo: $n - 1 + n + n + 1 = 3n = 102$; $n = 34$ $(n - 1) = 33$; $(n + 1) = 35$

Marie: $n + n + 1 + n + 2 = 3n + 3 = 102$; $n = 33$ $(n + 1) = 34$; $(n + 2) = 35$

Dana: $n + n - 1 + n - 2 = 3n - 3 = 102$; $n = 35$ $(n - 1) = 34$; $(n - 2) = 33$

Alle drei haben recht, denn sie erhalten jeder die Zahlen 33, 34 und 35 und $33 + 34 + 35 = 102$. Bei jedem von ihnen steht n jedoch für eine andere Zahl: Bei Thimo steht n für die mittlere Zahl, bei Marie für die kleinste Zahl, bei Dana für die größte der drei Zahlen.

23 *Zahlenrätsel als Term mit Klammern schreiben und vereinfachen*

a) $7a + (5a + 7) = 12a + 7$ **b)** $(1 - 5x) + 8x = 3x + 1$

c) $(2m^2 - 3mn) + (m^2 - mn) = 3m^2 - 4mn$ **d)** $8x - (5x + 7) = 3x - 7$

e) $(3 - 5a) - (-7a) = 2a + 3$ **f)** $-11z - (5z - 7u) = 7u - 16z$

24 *Sachaufgabe: Teilung einer Eisenstange mit Termen darstellen*

a) $a - b - 2c$ und $a - (b + 2c)$ **b)** $a - 3b - 4c$ und $a - (3b + 4c)$

14 **25** *Addition und Subtraktion von Differenzen vergleichen*

a) $(6m - 5n) + (-3m - 11n) = 6m - 5n - 3m - 11n = 3m - 16n$

b) 1) $(6m - 5n) - (-3m - 11n) = 6m - 5n + 3m + 11n = 9m + 6n$
2) $(-3m - 11n) - (6m - 5n) = -3m - 11n - 6m + 5n = -9m - 6n$

c) Es gibt zwei verschiedene Lösungen, weil für die Subtraktion das Kommutativgesetz (Vertauschungsgesetz) nicht gilt. Das Ergebnis ändert sich, wenn man Minuend und Subtrahend vertauscht. (Das zweite Ergebnis ist wie das erste mit negativen Vorzeichen statt positiven.)

26 *Terme als Differenz mit Klammern schreiben*

Es gibt unzählige Lösungen, z.B.:

a) $(4a - 4b) - (a + 6)$ **b)** $(7xy + 3xz) - (2xy - 7yz)$

c) $(u^2 + 11v) - (5u^2 + 7w)$ **d)** $(-2b + 12c) - (a + 2b)$

27 *aus gegebenen Termen einen Term für den Umfang eines Dreiecks aufstellen*

a) $u = (x + y) + (z - x) + (10 - 2y) = -y + z + 10$

b) Um ein Dreieck konstruieren zu können, muss jede Seite kürzer sein als die anderen beiden Seiten zusammen. Außerdem muss der Umfang eine positive Zahl ergeben.
Es gibt viele Lösungen, z.B.
$x = 2$ cm; $y = 3$ cm; $z = 4$ cm
a: $x + y = 2$ cm $+ 3$ cm $= 5$ cm;
b: $z - x = 4$ cm $- 2$ cm $= 2$ cm
c: $10 - 2y = 10$ cm $- 6$ cm $= 4$ cm
$a + b = 5$ cm $+ 2$ cm $= 7$ cm $> c$ $(= 4$ cm$)$;
$a + c = 5$ cm $+ 4$ cm $= 9$ cm $> b$ $(= 2$ cm$)$;
$b + c = 2$ cm $+ 4$ cm $= 6$ cm $> a$ $(= 5$ cm$)$
$u = -3$ cm $+ 4$ cm $+ 10$ cm $= 11$ cm (positiv)

28 *gegebene Zahlen als Term aus den Ziffern 1 bis 9 darstellen*

$2000 = (2 + 3) \cdot 4 \cdot (5 \cdot 6 + 78 - 9 + 1)$

$2014 = (9 + 8 \cdot 7) \cdot (6 \cdot 5 - 4 + 3 + 2) - 1$

15 Klammern auflösen und setzen

Erforschen und Entdecken

1 *Einführung des Distributivgesetzes anhand von Flächenberechnungen*

a) Klein 420 m²; Schmidt 660 m²

b) $420\ m^2 + 2 \cdot 30\ m^2 = 480\ m^2$ oder $(14 + 2) \cdot 30\ m^2 = 480\ m^2$
$660\ m^2 - 2 \cdot 30\ m^2 = 600\ m^2$ oder $(22 - 2) \cdot 30\ m^2 = 600\ m^2$

c) $a \cdot c + b \cdot c = (a + b) \cdot c$

d) $a \cdot c + 2 \cdot c = (a + 2) \cdot c$; $b \cdot c - 2 \cdot c = (b - 2) \cdot c$

15 **2** *Einführung des Distributivgesetzes anhand eines Vergleichs gegebener Terme*

a) individuelle Überprüfung; Die Terme sind nicht alle gleich.
Es gilt: $3\,(x+y) = 3x+3y$; $x\,(y+3) = xy+3x$; $y\,(x+3) = xy+3y$

b) $4a+4b$; $6x+6y$; $8k-8m$; $ar+2a$

c) $7\,(x+y)$; $3\,(s+t)$; $x\,(y-z)$; $a\,(b-3)$

d) Formulierungen individuell verschieden; z.B.:
In Termen ohne Klammern gilt: Enthalten die Summanden gemeinsame Faktoren, so können diese vor eine Klammer „herausgezogen" werden.
Steht ein Term vor einer Klammer, so entsteht daraus ein Term ohne Klammer, wenn alle Summanden in der Klammer mit dem Term multipliziert werden.

16 Basisaufgaben

1 *Produkt mit Klammer ohne Malpunkt schreiben*

a) $3\,(a+b)$ **b)** $a\,(2+3b)$ **c)** $2y\,(x-z)$
d) $1\,(a-9)$ oder $(a-9)$ **e)** $5ab\,(1-3z)$

2 *Term mit Klammern dem ausmultiplizierten Term zuordnen*

$5x\,(y+z) = 5xy+5xz$; $5\,(x+y) = 5x+5y$;
$y\,(x+5) = xy+5y$; $x\,(5+y) = 5x+xy$

3 *Klammern auflösen (Faktor vor der Klammer)*

a) $2a+2b$ **b)** $4m-4n$ **c)** $3x+3y$ **d)** $ab-ac$ **e)** $44+4c$
f) $45-30a$ **g)** $75-25y$ **h)** $8x+24y$ **i)** $12a-3ab$ **j)** $12m+120$

4 *Klammern auflösen (Faktor hinter der Klammer)*

a) $8+2b$ **b)** $4c-20$ **c)** $10x+30y$ **d)** $12c-28$ **e)** $45a-15b$
f) $11xy+30y$ **g)** $63a-35b$ **h)** $4ax+7ay$

17 **5** *Terme mit Klammern vergleichen (= oder ≠)*

a) = **b)** = **c)** ≠ **d)** = **e)** =

6 *Klammer mit einem Faktor ausmultiplizieren (drei Summanden in der Klammer)*

a) $3a+3b+3c$ **b)** $14a+21b+14c$ **c)** $6x+6y+12$
d) $13c-13d-91$ **e)** $16k-24l+32m$ **f)** $-30+45x-75y$
g) $3ac+cb+c^2$ **h)** $3am+4m^2+bm$ **i)** $2a^2+6ab+8a$
j) $21x-15x^2-3x^2y$

7 *ausmultiplizieren und zusammenfassen (Variable auch im Faktor)*

a) $9x^2+12x$ **b)** $4y^2+10y$ **c)** $16x^2+4x$ **d)** x^2+x **e)** $17x+17$
f) $10a+2a^2$ **g)** $25-5x$ **h)** $60-12x$

8 *Aussage zu Minusklammern überprüfen (entspricht Multiplikation mit dem Faktor −1)*

$-(a+b) = -a-b$; $(-1)\,(a+b) = -1a-1b = -a-b$
Ali hat recht. Beide Terme sind äquivalent.

17 **9** *Klammern ausmultiplizieren (Minusklammern mit und ohne Faktor)*

a) $-x-y$ **b)** $-3a-4b$ **c)** $20x-24$ **d)** $18a+24b$
e) $-x-y-z$ **f)** $-x-y+z$

10 *Klammer ausmultiplizieren (negative Faktoren)*

a) $-x-2$ **b)** $-9x^2-9$ **c)** $3z^2-27z$ **d)** $-a^2+ab$
e) $10y+12z$ **f)** $8axy-14bxy$ **g)** $-3xz-27z$ **h)** $-18ac-14c^2$

11 *Produkte mit Summe oder Differenz bilden; ausmultiplizieren*

·	$4x+5y$	$3a+4b$	$-5x-2y$	$4b-7x$	$0{,}5x+0{,}7y$
$-7x$	$-28x^2-35xy$	$-21ax-28bx$	$35x^2+17xy$	$-28bx+49x^2$	$-3{,}5x^2-4{,}9xy$
$-12b$	$-48bx-60by$	$-36ab-48b^2$	$60bx+24by$	$-48b^2+84bx$	$-6bx-8{,}4by$
$2a$	$8ax+10ay$	$6a^2+8ab$	$-10ax-4ay$	$8ab-14ax$	$ax+1{,}4ay$
$-0{,}2a$	$-0{,}8ax-ay$	$-0{,}6a^2-0{,}8ab$	$ax+0{,}4ay$	$-0{,}8ab+1{,}4ax$	$-0{,}1ax-0{,}14ay$
$\frac{1}{2}x$	$2x^2+2{,}5xy$	$1{,}5ax+2bx$	$-2{,}5x^2-xy$	$2bx-3{,}5x^2$	$0{,}25x^2+0{,}35xy$

12 *Terme ausmultiplizieren (Bruch als Faktor)*

a) $\frac{1}{3}x^2+3x$ **b)** $\frac{1}{3}a-\frac{1}{5}b$ **c)** $-2-\frac{2}{5}a$ **d)** $2-x$
e) $\frac{3}{4}xy-3x^2$ **f)** $\frac{4}{7}x-4$ **g)** $\frac{3}{8}a^2+\frac{3}{8}ab+3a$ **h)** $\frac{5}{6}x+10x^2-\frac{5}{6}xy$

13 *Terme ausmultiplizieren und zusammenfassen*

a) -12 **b)** $-9x-12y$ **c)** $49ab-12a^2$
d) $8rs-6rt$ **e)** $-11a+8b$ **f)** $24a-42a^2+23ab$

14 *Terme nach Wortvorschrift bilden (Terme vervielfachen)*

a) $4\,(a+b)$ **b)** $5\,(2x+3)$ **c)** $8\,(x-y)$ **d)** $2\,(a+b+c)$ **e)** $\frac{1}{2}\,(10+x)$

15 *Termumformungen passend ergänzen*

a) 5 **b)** x **c)** x **d)** 3; y **e)** x **f)** a

16 *Faktor 2 ausklammern*

a) $2\,(4x+5)$ **b)** $2\,(7y+5x)$ **c)** $2\,(s-12t)$ **d)** $2\,(32ab+c)$
e) $2\,(16x^2-3)$ **f)** $2\,(-3xy-8x^2)$

17 *gegebenen Faktor ausklammern*

a) $8\,(5a+11b)$; $8\,(-4x-y)$ **b)** $a\,(17b-22)$; $a\,(13b+2)$
c) $xy\,(7+z)$; $xy\,(6-13x)$ **d)** $-b\,(c+4)$; $-b\,(55b-3)$
e) $-1\,(7b+9c)$; $-1\,(-16x-19y)$

18 Weiterführende Aufgaben

18 *gemeinsamen Faktor finden und ausklammern*

a) $19\,(a-b)$ **b)** $17\,(r-ab)$ **c)** $(x-y)\,z$ **d)** $a\,(3b-7c)$
e) $9\,(a-1)$ **f)** $(12xy-35a)\,z$ **g)** $2\,(a+b+c)$ **h)** $(4-9)\,a^2$
i) $(7-15d-5a)\,c$ **j)** $x\,(7x-15)$ **k)** $a\,(4b+1)$ **l)** $3\,(x+2)$

19 *gegebene Vorgehensweise beim Ausklammern eines Faktors erklären*
Sie zerlegt zuerst jeden Term in kleinere Faktoren, um zu sehen, welche gemeinsamen Faktoren enthalten sind. Dann klammert sich den größtmöglichen Faktor aus.

20 *größtmöglichen Faktor ausklammern*

a) $a\,(x-4z+5y)$ **b)** $3b\,(7ax-2y+5z)$ **c)** $12b\,(2a-c+4a)$
d) $b\,(5x-y-15z)$ **e)** $25a\,(b+5c+3x)$ **f)** $4s\,(4qr-3rt+2tu)$
g) $19y\,(2x+4z+1)$

21 *Fehler beim Ausklammern erklären und korrigieren*

a) Er hat ein a vergessen, das auch ausgeklammert werden kann bzw. auch im zweiten Summanden beibehalten werden muss.
$5ab+5ac=5a\,(b+c)$ bzw. $5ab+5ac=5\,(ab+ac)$
b) Aus 12 die 2 ausgeklammert ergibt 6 und nicht 10.
$12xy-8xz=2x\,(6y-4z)$
c) In der Klammer fehlt die 1 als ausgeklammertes Ergebnis der 4.
$4a-8b+4=4\,(a-2b+1)$
d) Es kann nur x ausgeklammert werden, nicht x^2, denn x^2 kommt im Divisor nicht vor.
$x^3y-xz=x\,(x^2y-z)$
e) Aus b^4 das b ausgeklammert ergibt b^3 und nicht b^2.
$a^3b-a^2b^4=a^2b\,(a-b^3)$
f) Das Minus in der Klammer ist falsch. Es muss + sein.
$-12mn-20km=-4m\,(3n+5k)$

22 *Spiel: äquivalente Terme einander zuordnen*
Bastelanleitung und Spiel

23 *Termumformung (Ausklammern) prüfen*
Ja, Lars' Ergebnis stimmt. Er könnte allerdings zusätzlich den Faktor 3 ausklammern:
$3x\,(3+9y+2z)$

24 *Terme für Flächeninhalte angeben und umformen*

a) $4a^2+4ab$ **b)** $4\cdot a\,(a+b)$ **c)** $4a^2+4ab=4a\,(a+b)$

25 *Terme (mit und ohne Klammern) für Flächeninhalte angeben und umformen*
grün: $b\,(2a+b)=2ab+b^2$
blau: $x\,(2x+3)=2x^2+3x$
braun: $2b^2+2b+2c=2\,(b^2+b+c)$

18 **26** *gemeinsame Faktoren ausklammern*

a) $2x\,(x+2)$ **b)** $7xy\,(2x-y)$ **c)** $x\,(1-x^2)$ **d)** $48a^2\,(b+2a)$
e) $x\,(1+x+x^2)$ **f)** $2x\,(x+2+3y)$ **g)** $6x\,(x+1)$ **h)** $-8x\,(x+1)$
i) $-7\,(x+2)$ **j)** $-5\,(x^2+x+1)$

27 *gemeinsame Faktoren ausklammern; Brüche kürzen*

a) $\frac{3(x+2)}{3(3x+4)}=\frac{x+2}{3x+4}$ **b)** $\frac{2(2+3a)}{2(5b+2)}=\frac{2+3a}{5b+2}$ **c)** $\frac{3(5x+3)}{3(6+x)}=\frac{5x+3}{6+x}$
d) $\frac{x(3+5y)}{x(y+7)}=\frac{3+5y}{y+7}$ **e)** $\frac{7a(2-3b)}{7(7-5a)}=\frac{a(2-3b)}{7-5a}$ **f)** $\frac{9y(x+2b)}{9(x-2b)}=\frac{y(x+2b)}{x-2b}$

19 Produkte von Summen

Erforschen und Entdecken

1 *Gesamtflächeninhalt als Summe der Einzelflächeninhalte berechnen*

a) Lager 280 m²; Verwaltungsbüro 80 m²; Verkaufshalle 525 m²; Schnellimbiss 150 m²
b) 1035 m²
c) z.B.: $35\cdot(15+8)+10\cdot(15+8)=(35+10)\cdot(15+8)$
d) z.B.: =(B3+C3)*(D3+E3)

2 *Summen mit Hilfe einer Multiplikationstabelle multiplizieren; Berechnungsregel formulieren*

a) $(20+7)\,(30+8)$
Jeder Summand der ersten Klammer wird mit jedem Summanden der zweiten Klammer multipliziert. Dann werden die Ergebnisse in jeder Zeile addiert und diese beiden Ergebnisse noch einmal addiert.
b) individuell verschieden
c) ① $a^2+4a+5a+20=a^2+9a+20$ ② $xy+6x+5y+30$
③ $3a+15+2a^2+10a=2a^2+13a+15$
d) siehe Buchseite 20

20 Basisaufgaben

1 *dem Produkt zweier Summen die passenden Summen zuordnen*
① c); ② a); ③ d); ④ e); ⑤ b)

2 *(einfache) Summanden beim Ausmultiplizieren von Summen ergänzen*

a) 8 **b)** $5b$; 30 **c)** $7z$ **d)** cd; 33; $11d$ **e)** $3b$; $8a$; ab **f)** xy; $2x$

21 **3** *Term für einen Flächeninhalt aufstellen und umformen*
$(x+3)\cdot(y+4)=xy+4x+3y+12$

4 *Klammern durch Ausmultiplizieren von Summen auflösen*

a) $ab+8a+4b+32$ **b)** $ab+7a+5b+35$ **c)** $xy+3x+y+3$
d) $4a+ab+12+3b$ **e)** $12a+ab+24+2b$ **f)** $9x+xy+54+6y$
g) $xy+7x+6y+42$ **h)** $3e+24+de+8d$ **i)** $11b+55+ab+5a$
j) $21+7y+3x+xy$

21 **5** *Klammern durch Ausmultiplizieren auflösen und zusammenfassen*

a) $a^2 + ab + ac + bc$ **b)** $a^2 + 4a + 4$ **c)** $3x + 3z + x^2 + xz$
d) $r^2 + 31r + 150$ **e)** $a^2 + 14a + 40$ **f)** $x^2 + 16x + 64$
g) $x^2 + 10x + 21$ **h)** $c^2 + 15c + 54$ **i)** $r^2 + 10r + rs + 10s$
j) $u^2 + 10u + 16$

6 *Summanden beim Ausmultiplizieren von Summen ergänzen*

a) $5x$; 60 **b)** $21x$; 14 **c)** $12a^2$; $16a$ **d)** $45x$; $27y$
e) $20ab$; $15b^2$ **f)** $56x^2$; $32xy$; $44y$

7 *Summanden beim Ausmultiplizieren von Summen ergänzen (z. T. mit Minuszeichen)*

a) $8c^2$; 42 **b)** $10a^2$; $51a$ **c)** $6m^2$; 35 **d)** $2rs$; $12r^2$
e) $14ab$; $8b^2$ **f)** $6x^2$; $21xy$; $42y^2$

8 *Klammern durch Ausmultiplizieren auflösen und zusammenfassen (mit Minuszeichen)*

a) $ab + 7a - 5b - 35$ **b)** $yz + 9y - 8z - 72$ **c)** $xy + 6x - 3y - 18$
d) $st - s + 4t - 4$ **e)** $ab - 2a + 9b - 18$ **f)** $xy - 8x - 5y + 40$
g) $z^2 - 17z + 72$ **h)** $a^2 - 81$ **i)** $3a^2 - 8ab - 3b^2$
j) $x^2 - 16$

9 *Klammern durch Ausmultiplizieren auflösen und zusammenfassen (mit Minuszeichen)*

a) $4ax + 10x + 2ay + 5y$ **b)** $16a^2 + 8a - 8$ **c)** $35xy + 40x - 35y - 40$
d) $-44t^2 + 23t + 40$

10 *Summen auswählen, miteinander multiplizieren und zusammenfassen*

·	$16a + 5$	$10b + 6a$
$a + b$	$16a^2 + 16ab + 5a + 5b$	$6a^2 + 16ab + 10b^2$
$b - 14a$	$-224a^2 + 16ab - 70a + 5b$	$-84a^2 - 134ab + 10b^2$
$4a + 6b$	$64a^2 + 96ab + 20a + 30b$	$24a^2 + 76ab + 60b^2$
$a + 4b$	$16a^2 + 64ab + 5a + 20b$	$6a^2 + 34ab + 40b^2$

·	$14b - 30$	$11a + 25b$
$a + b$	$14ab - 30a - 30b + 14b^2$	$11a^2 + 36ab + 25b^2$
$b - 14a$	$-196ab + 420a - 30b + 14b^2$	$-154a^2 - 339ab + 25b^2$
$4a + 6b$	$56ab - 120a - 180b + 84b^2$	$44a^2 + 166ab + 150b^2$
$a + 4b$	$14ab - 30a - 120b + 56b^2$	$11a^2 + 69ab + 100b^2$

11 *Klammern durch Ausmultiplizieren auflösen und zusammenfassen*

a) $14a^2 - 23ab + 8b^2$ **b)** $18a^2 + 24a - 10$ **c)** $9s^2 + 26st - 3t^2$
d) $-12d^2 - 50d - 50$ **e)** $18x^2 + 9xy - 135y^2$ **f)** $84b^2 - 208b + 128$
g) $101xy - 45x^2 - 52y^2$ **h)** $20a^2 - 75b^2 - 20ab$ **i)** $5x^2 - 17xy + 6y^2$

12 *Umformung passend ergänzen*

a) 4; y; $2x$ **b)** a; b; 15 **c)** 1; y; $7x$ **d)** b; d; $15ac$
e) $6x$; $2y$; 14 **f)** $4c$; $2a$; 17

21 **13** *Vorzeichen nach Umformung passend ergänzen*

a) +; + **b)** +; − **c)** +; − **d)** −; + **e)** −; +

22 Weiterführende Aufgaben

14 *geeigneten Term zur Flächenberechnung auswählen; Terme umformen*

a) Der dritte Term ist nicht geeignet, weil zur Rechteckfläche (xy) eine Rechteckfläche (ab) dazu kommt.

b) $(x - b)(y - a) + a(x - b) + b(y - a)$
$= (xy - ax - by + ab) + (ax - ab) + (by - ab)$
$= xy + (ab - 2ab) + (ax - ax) + (by - by)$
$= xy - ab$

15 *Terme zur Flächenberechnung passend zuordnen*

a) ① erste Formel; eine Seite gleich lang und andere zwei Seiten
② dritte Formel; vier Teilflächen mit je zweimal zwei gleichen Seiten
③ zweite Formel; eine Seite gleich lang und andere drei Seiten
b) ④ z.B.: $A = km + lm + (k + l)n$

16 *mehrere Klammern auflösen; zusammenfassen (Punkt- vor Strichrechnung beachten)*

a) -2 **b)** $-x - 19$
c) $2x^2 - 5x - 2$ **d)** $22a^2 - 13a - 14$

17 *mehrere Klammern auflösen; zusammenfassen (Punkt- vor Strichrechnung beachten)*

a) $2x^2 + 10x + 14$ **b)** $17x + 13$

18 *Summen in Produkte umformen*

a) $(a + b)(c + d)$ **b)** $(a - b)(c - d)$ **c)** $(w + 8)(x + y)$ **d)** $(12 + s)(a - b)$
e) $(c + 2)(x - y)$ **f)** $(x - 5)(x - 7)$ **g)** $(9a + 2)(a + 1)$

19 *Sachaufgabe: Flächeninhaltsterme angeben, verschiedene Terme bestätigen und umformen*

a) Flächeninhalt des „Außenrechtecks" minus „Beckengrundflächeninhalt"
b) ① Die Seiten des „Außenrechtecks" sind jeweils $2x$ länger als die Beckenmaße. Berechnung wie in a) beschrieben
② Die Umrandung wurde in Rechtecke zerlegt mit den Beckenlängen (jeweils zwei davon). Übrig bleiben paarweise „Reste" mit $2x$-Länge.
c) $(a + 2x)(b + 2x) - ab$
$= ab + 2ax + 2bx + 4x^2 - ab$
$= 2ax + (2bx + 4x^2)$
$= 2ax + 2x(b + 2x)$
d) Die Umrandung hat 60,96 m² Flächeninhalt.

22 **20** *Multiplikationstabellen ergänzen; Ergebnisse berechnen*

a)

	$2x$	4
y	$2xy$	$\mathbf{4y}$
$3x$	$\mathbf{6x^2}$	$\mathbf{12x}$

$(y+3x)(2x+4) = 2xy + 4y + 6x^2 + 12x$

b)

	$3b$	4
$5a$	$\mathbf{15ab}$	$20a$
$\mathbf{2b}$	$\mathbf{6b^2}$	$8b$

$(5a+2b)(3b+4) = 15ab + 20a + 6b^2 + 8b$

c)

	$\mathbf{5a}$	$2c$
3	$15a$	$\mathbf{6c}$
$7c$	$\mathbf{35ac}$	$\mathbf{14c^2}$

$(3+7c)(5a+2c) = 15a + 6c + 35ac + 14c^2$

21 *Produkte aus zwei und drei Summanden mit Hilfe einer Multiplikationstabelle berechnen*

a)

	a	$5b$	3
a	$\mathbf{a^2}$	$\mathbf{5ab}$	$\mathbf{3a}$
$2b$	$\mathbf{2ab}$	$\mathbf{10b^2}$	$\mathbf{6b}$

$(a+2b)(a+5b+3) = a^2 + 10b^2 + 7ab + 3a + 6b$

b) $2x^2 + 7xy + xz + 6y^2 + 2yz$
c) $3a^2 + 13ab - 3ac - 10b^2 - 15bc$
d) $5c^2 + 12cd + 7d^2 + 15ce + 21de$
e) $6s^2 + 9{,}5st + 21s + 2t^2 + 28t$
f) $21ax - 35xy - ay - 15y^2 + 6a^2$
g) $12ab + 12a^2 - 9b^2 - 12b - 8a$

23 Binomische Formeln

Erforschen und Entdecken

1 *erste binomische Formel über Darstellung von Flächenberechnung erarbeiten*

a)

	6 m	4 m
4 m	24 m²	16 m²
6 m	36 m²	24 m²

Die Seitenlängen der einzelnen Flächen in Figur 1 betragen 4 cm und 6 cm.
Die beiden Flächen ohne Angabe des Flächeninhalts sind jeweils 4 cm mal 6 cm, also 24 m² groß.
$36\ m^2 + 16\ m^2 + 2 \cdot 24\ m^2 = 100\ m^2$
Der Flächeninhalt von Figur 1 beträgt 100 m².

b) $(a+b)^2 = a^2 + 2ab + b^2 = a(a+b) + b(a+b)$
c) Zeichenübung
$x^2 + 2x + 2x + 2^2 = x^2 + 4x + 4 = (x+2)^2$

2 *zweite binomische Formel über Darstellung von Flächenberechnung erarbeiten*
a) $a - b\ (= 5 - 2 = 3)$ berechnen und dann 3 quadrieren
b) Ja, er hat recht, denn die Seiten des Quadrats haben die Länge $a - b$.
c) a^2 ist das große Quadrat; b^2 ist ein kleines Quadrat oben rechts (nicht eingezeichnet); ab sind weiße Rechtecke, die sich bei b^2 überlappen. Nach zweimaligem Subtrahieren von ab muss deshalb b^2 wieder addiert werden.

23 **3** *binomische Formeln als Rechenhilfe nutzen*
$21^2 = (20+1)^2 = (20+1)\cdot(20+1) = 20^2 + 20 + 20 + 1^2 = 400 + 40 + 1 = 441$
$31^2 = (30+1)^2 = (30+1)\cdot(30+1) = 30^2 + 30 + 30 + 1^2 = 900 + 60 + 1 = 961$
$62^2 = (60+1)^2 = (60+2)\cdot(60+2) = 60^2 + 120 + 120 + 2^2 = 3600 + 240 + 4 = 3844$
Man schreibt die Zahl als Summe aus einer Zehnerzahl und 1 und quadriert dann die entstandene Summe. Das funktioniert besonders gut bei Zahlen q, die auf 1 enden.

$29^2 = (30-1)^2 = (30-1)\cdot(30-1) = 30^2 - 30 - 30 + 1^2 = 900 - 60 + 1 = 841$
$39^2 = (40-1)^2 = (40-1)\cdot(40-1) = 40^2 - 40 - 40 + 1^2 = 1600 - 80 + 1 = 1521$
$68^2 = (70-2)^2 = (70-2)\cdot(70-2) = 70^2 - 140 - 140 + 2^2 = 4900 - 280 + 4 = 4624$
Man schreibt die Zahl als Differenz aus einer Zehnerzahl und 1 und quadriert dann die entstandene Differenz. Das funktioniert gut bei Zahlen q, die auf 9 (oder 8) enden.

$29 \cdot 31 = (30-1)\cdot(30+1) = 30^2 + 30 - 30 - 1^2 = 900 - 1 = 899$
$41 \cdot 39 = (40+1)\cdot(40-1) = 40^2 - 40 + 40 - 1^2 = 1600 - 1 = 1599$
$2{,}1 \cdot 1{,}9 = (2+0{,}1)\cdot(2-0{,}1) = 2^2 - 0{,}2 + 0{,}2 - 0{,}1^2 = 4 - 0{,}01 = 3{,}99$
Man schreibt die beiden Faktoren als Summe bzw. Differenz, wobei der erste Summand und der Minuend gleich sind.
Das funktioniert besonders gut bei Zahlen, die von einer „Mittelzahl" nach oben und unten um den gleichen Betrag abweichen. Sowohl die Mittelzahl als auch der Betrag der Abweichung sollte sich leicht im Kopf quadrieren lassen.

24 Basisaufgaben

1 *erste binomische Formel anwenden*
a) $x^2 + 2xy + y^2$ **b)** $e^2 + 2ef + f^2$ **c)** $a^2 + 2az + z^2$ **d)** $i^2 + 2ik + k^2$
e) $p^2 + 2pq + q^2$ **f)** $k^2 + 2km + m^2$ **g)** $16 + 8y + y^2$ **h)** $4 + 4f + f^2$
i) $a^2 + 10a + 25$ **j)** $d^2 + 6d + 9$ **k)** $x^2 + 24x + 144$ **l)** $s^2 + 30s + 225$

2 *zweite binomische Formel anwenden*
a) $b^2 - 2bc + c^2$ **b)** $d^2 - 2de + e^2$ **c)** $a^2 - 2ax + x^2$ **d)** $n^2 - 2no + o^2$
e) $l^2 - 2ls + s^2$ **f)** $m^2 - 2mn + n^2$ **g)** $x^2 - 24x + 144$ **h)** $121 - 22y + y^2$
i) $y^2 - 6y + 9$ **j)** $1 - 2c + c^2$ **k)** $s^2 - 10s + 25$ **l)** $100 - 20x + x^2$

3 *dritte binomische Formel anwenden*
a) $x^2 - y^2$ **b)** $v^2 - w^2$ **c)** $m^2 - n^2$ **d)** $r^2 - s^2$
e) $a^2 - 81$ **f)** $36 - b^2$ **g)** $u^2 - 49$ **h)** $y^2 - 121$

4 *Quadratzahlen von 1 bis 20 notieren und auswendig lernen*
Einprägeübung

5 *prüfen, ob die erste binomische Formel korrekt angewendet wurde; ggfs. korrigieren*
a) $36 + \mathbf{12}x + x^2$ **b)** richtig **c)** $\mathbf{9} + 6b + b^2$

6 *prüfen, ob die zweite binomische Formel korrekt angewendet wurde; ggfs. korrigieren*
a) richtig **b)** $4a^2 - 4ab + b^2$ **c)** $100 - 80x \mathbf{+} 16x^2$

25 **7** *Vorzeichen bei Umformungen gemäß der binomischen Formeln ergänzen*

a) +; + (1. B.F.) **b)** − (2. B.F.) **c)** +; − (oder −; +) (3. B.F.)
d) −; + (2. B.F.) **e)** +; − (oder −; +) (3. B.F.) **f)** −; + (3. B.F.)

8 *Terme gemäß der binomischen Formeln ergänzen*

a) c^2 **b)** x^2 **c)** m^2 **d)** 7; k^2 **e)** a^2; 4 **f)** $4x$ **g)** $8y$ **h)** 36

9 *Terme mit und ohne Klammern gemäß der binomischen Formeln einander zuordnen*

$(3+x)^2 = 9 + 6x + x^2$ $(y-3)^2 = y^2 - 6y + 9$
$(x-3y)^2 = x^2 - 6xy + 9y^2$ $(3x+y)^2 = 9x^2 + 6xy + y^2$
$(3-y)^2 = 9 - 6y + y^2$ $(x+3y)^2 = x^2 + 6xy + 9y^2$

10 *erste und zweite binomische Formel anwenden*

a) $u^2 + 14u + 49$ **b)** $w^2 + 18w + 81$ **c)** $64 + 16t + t^2$
d) $169 + 26s + s^2$ **e)** $m^2 + 28m + 196$ **f)** $u^2 + 36u + 324$
g) $25 - 10t + t^2$ **h)** $t^2 - 2tu + u^2$ **i)** $b^2 - 8b + 16$
j) $64 - 16p + p^2$ **k)** $c^2 - 14c + 49$ **l)** $81 - 18q + q^2$
m) $289 - 34r + r^2$ **n)** $e^2 + 20e + 100$ **o)** $225 + 30k + k^2$
p) $d^2 - 40d + 400$ **q)** $x^2 + 16x + 64$ **r)** $121 - 22p + p^2$

11 *dritte binomische Formel anwenden*

a) $x^2 - 4$ **b)** $a^2 - 9$ **c)** $y^2 - z^2$ **d)** $64 - a^2$

12 *Argumentationsübung zur Schreibweise der dritten binomischen Formel*

Beide Formeln sind gültig, weil die Multiplikation kommutativ ist.

13 *Argumentationsübung zur Anwendung der dritten binomischen Formel*

Ja, denn in der ersten Klammer gilt Kommutativität ($a + 7 = 7 + a$), sodass der Term in der Form $(7+a)\cdot(7-a)$ die 3. binomische Formel erfüllt.

14 *alle drei binomischen Formeln anwenden (gemischt)*

a) $y^2 + 6y + 9$ **b)** $x^2 - 8x + 16$ **c)** $a^2 - 25$ **d)** $9 - 6c + c^2$
e) $x^2 + 10x + 25$ **f)** $x^2 - 81$ **g)** $16 - 8y + y^2$ **h)** $a^2 - 1$

15 *Fehler in Termumformungen mit Hilfe der binomischen Formeln korrigieren*

a) $x^2 - 2ax \mathbf{+} a^2$ **b)** $4x^2 - \mathbf{16}x + 16$ **c)** $\mathbf{9}a^2 + 30ab + 25b^2$
d) $4x^2 \mathbf{-} y^2$ **e)** $121 - \mathbf{88}x + 16x^2$ **f)** $25g^2 + 30gh + 9h^2$

16 *binomische Formeln anwenden (Summanden mit Koeffizienten)*

a) $4x^2 + 12x + 9$ **b)** $9x^2 - 12x + 4$ **c)** $16x^2 - 24x + 9$
d) $9x^2 - 1$ **e)** $25 - 4x^2$ **f)** $36x^2 - 81$
g) $49x^2 - 28x + 4$ **h)** $25x^2 + 40x + 16$ **i)** $4x^2 - 4y^2$
j) $x^2 - 64y^2$ **k)** $25x^2 + 70xy + 49y^2$ **l)** $36e^2 - 84ef + 49f^2$

25 **17** *Terme in Umformungen nach den binomischen Formeln ergänzen (mit Dezimalbrüchen)*

a) ab **b)** $0{,}49r^2$; 225 **c)** 25; $3{,}24x^2$
d) $2{,}8ps$ **e)** $5{,}29a^2$; $2{,}76a$ **f)** $4{,}5y$; 6,25

18 *Reihen von Produkten ergänzen und mit Hilfe der binomischen Formeln berechnen*

a) $(x+1)^2 = x^2 + 2x + 1$
$(x+2)^2 = x^2 + 4x + 4$
$(x+3)^2 = x^2 + 6x + 9$
$(x+4)^2 = x^2 + 8x + 16$
$(x+5)^2 = x^2 + 10x + 25$
$(x+6)^2 = x^2 + 12x + 36$

b) $(6-x)^2 = 36 - 12x + x^2$
$(5-x)^2 = 25 - 10x + x^2$
$(4-x)^2 = 16 - 8x + x^2$
$(3-x)^2 = 9 - 6x + x^2$
$(2-x)^2 = 4 - 4x + x^2$
$(1-x)^2 = 1 - 2x + x^2$

c) $(2x+1)^2 = 4x^2 + 4x + 1$
$(3x+1)^2 = 9x^2 + 6x + 1$
$(4x+1)^2 = 16x^2 + 8x + 1$
$(5x+1)^2 = 25x^2 + 10x + 1$
$(6x+1)^2 = 36x^2 + 12x + 1$
$(7x+1)^2 = 49x^2 + 14x + 1$

d) $(x+1)^2 = x^2 + 2x + 1$
$(2x+2)^2 = 4x^2 + 8x + 4$
$(3x+3)^2 = 9x^2 + 18x + 9$
$(4x+4)^2 = 16x^2 + 32x + 16$
$(5x+5)^2 = 25x^2 + 50x + 25$
$(6x+6)^2 = 36x^2 + 72x + 36$

e) $(1-2x)^2 = 1 - 4x + 4x^2$
$(2-3x)^2 = 4 - 12x + 9x^2$
$(3-4x)^2 = 9 - 24x + 16x^2$
$(4-5x)^2 = 16 - 40x + 25x^2$
$(5-6x)^2 = 25 - 60x + 36x^2$
$(6-7x)^2 = 36 - 84x + 49x^2$

f) $(x+6)\cdot(x-6) = x^2 - 36$
$(x+5)\cdot(x-5) = x^2 - 25$
$(x+4)\cdot(x-4) = x^2 - 16$
$(x+3)\cdot(x-3) = x^2 - 9$
$(x+2)\cdot(x-2) = x^2 - 4$
$(x+1)\cdot(x-1) = x^2 - 1$

26 Weiterführende Aufgaben

19 *Verbindung zwischen binomischen Formeln und Multiplikation von Summen erklären*

Erklärungs- und Präsentationsauftrag;
Das Potenzieren ist die Abkürzung der Multiplikation mit gleichen Faktoren. Dies trifft hier zu. Die Faktoren sind gleiche Summen.

20 *dritte binomische Formel als Rechenhilfe nutzen; Vorgehensweise erklären*

a) Das Produkt wird in die Form der dritten binomischen Formel gebracht, indem ein Faktor als Summe und der andere als Differenz (mit den gleichen Zahlen) dargestellt werden. Dann wird die Formel angewandt.

b) ① 502 − 42 = 2484
② 702 − 22 = 4896
③ 802 − 52 = 6375;
④ 1002 − 22 = 9996
⑤ 502 − 52 = 2475
⑥ 2002 − 42 = 39984

26 **21** *erste und zweite binomische Formel als Rechenhilfe nutzen; Rechenwege vergleichen*

a) $(30+1)^2 = 900 + 60 + 1 = 961$
b) $(30-2)^2 = 900 - 120 + 4 = 784$
c) $(30+4)^2 = 900 + 240 + 16 = 1156$
d) $(60+3)^2 = 3600 + 360 + 9 = 3969$
e) $(50-3)^2 = 2500 - 300 + 9 = 2209$
f) $(100-2)^2 = 10\,000 - 400 + 4 = 9604$
g) $(200+5)^2 = 40\,000 + 2000 + 25 = 42\,025$
h) $(400-6)^2 = 160\,000 - 4800 + 36 = 155\,236$

Mögliche Rechenwege:
1) Man stellt die zu quadrierende Zahl als Summe einer Zehnerzahl und einer (möglichst kleinen) einstelligen Zahl dar; z.B. $50 + 1$.
2) Man stellt die Zahl als Differenz aus einer Zehnerzahl und einer (möglichst kleinen) Einerzahl dar; z.B. $50 - 1$.

22 *Rechentrick: Quadrate von Zahlen mit einer 5 hinter dem Komma berechnen*

a) Tim schreibt die Kommazahl als Summe aus einer natürlichen Zahl (im Beispiel: 3) und dem Rest (0,5). Er wendet dann die erste binomische Formel an:
$3{,}5^2 = (3+0{,}5)^2 = 3^2 + 2 \cdot 3 \cdot 0{,}5 + 0{,}5^2$
Den mittleren Summanden stellt er um und erhält den Faktor 1, den er weglassen kann:
$3^2 + \mathbf{2 \cdot 3 \cdot 0{,}5} + 0{,}5^2 = 3^2 + \mathbf{(2 \cdot 0{,}5) \cdot 3} + 0{,}5^2 = 3^2 + \mathbf{1 \cdot 3} + 0{,}5^2 = 3^2 + \mathbf{3} + 0{,}5^2$
Aus den ersten beiden Summanden lässt sich nun der gemeinsame Faktor (im Beispiel: 3) ausklammern:
$\mathbf{3^2 + 3} + 0{,}5^2 = \mathbf{3 \cdot (3+1)} + 0{,}25 = \mathbf{3 \cdot 4} + 0{,}25$
Um also das Quadrat einer Zahl mit einer 5 hinter dem Komma zu berechnen, multipliziert man die beiden benachbarten natürlichen Zahlen miteinander und addiert das Quadrat von 0,5 (= 0,25).

b) ① 2,25; ② 6,25; ③ 20,25; ④ 30,25; ⑤ 42,25; ⑥ 56,25; ⑦ 72,25; ⑧ 90,25

c) allgemeiner Beweis analog a):
Jeden Dezimalbruch der Form $\square$,5 kann man schreiben als Summe aus einer natürlichen Zahl n und 0,5. Wird diese Summe $(n + 0{,}5)$ quadriert, so kann man die erste binomische Formel anwenden, zusammenfassen und dann aus den ersten beiden Summanden n ausklammern.

23 *Sachaufgabe: Grundstücksgrößen (mit Hilfe der dritten binomischen Formel) berechnen*

$A_{\text{alt}} = a^2$; a steht für die Seitenlänge des quadratischen Grundstücks
$A_{\text{neu}} = (a-5) \cdot (a+5) = a^2 - 25 < a^2$
Das neue Grundstück ist 25 m² kleiner, also ist sie betrogen worden.

24 *binomische Formeln anwenden (mit Dezimalbrüchen)*

a) $x^2 + 0{,}6x + 0{,}09$ **b)** $x^2 + 1{,}2x + 0{,}36$ **c)** $x^2 - 3{,}6x + 3{,}24$
d) $x^2 - 4{,}2x + 4{,}41$ **e)** $x^2 + 7x + 12{,}25$ **f)** $x^2 - 0{,}04$
g) $0{,}01 - x$ **h)** $x^2 - 29{,}16$ **i)** $72{,}25 - 17x + x^2$
j) $5{,}76 + 4{,}8x + x^2$

26 **25** *binomische Formeln anwenden (mit Dezimalbrüchen und Brüchen)*

a) $4a^2 + 2{,}4a + 0{,}36$ **b)** $4y^2 - 0{,}09$ **c)** $0{,}25a^2 + 1{,}7a + 2{,}89$
d) $9b^2 - 2b + \frac{1}{9}$ **e)** $0{,}64s^2 + 0{,}8s + \frac{1}{4}$ **f)** $0{,}04b^2 - \frac{1}{16}$
g) $\frac{9}{64}g^2 - \frac{3}{5}g + \frac{16}{25}$ **h)** $\frac{16}{81} - 16x^2$

26 *Produkt aus Vorgänger und Nachfolger einer Zahl mit Hilfe eines Terms berechnen*

a) z.B.:
1) $x = 9$; $x^2 = 9^2 = 81$; Produkt aus Nachfolger und Vorgänger: $10 \cdot 8 = 80$
2) $x = 17$; $x^2 = 17^2 = 289$; Produkt aus Nachfolger und Vorgänger: $18 \cdot 16 = 288$
3) $x = 44$; $x^2 = 44^2 = 1936$; Produkt aus Nachfolger und Vorgänger: $45 \cdot 43 = 1935$
Das Produkt aus Nachfolger und Vorgänger ist stets um 1 kleiner als das Quadrat der gedachten Zahl.

b) $(n-1) \cdot (n+1) = n^2 - 1$

c) Der Term in b) beschreibt genau die Beobachtung, die in a) gemacht wurde:
Das Produkt aus Vorgänger und Nachfolger einer Zahl n ist um 1 kleiner als das Quadrat der Zahl n.

27 *Summen und Differenzen mit Potenzen quadrieren*

a) $a^4 + 2a^2 + 1$ **b)** $z^4 - 4z^2 + 4$ **c)** $x^4 - 2x^2y^2 + y^4$
d) $36f^4 + 108f^2b + 81b^2$ **e)** $81n^4 - 54n^2 + 9$ **f)** $16x^4 - 72x^2 + 81$

28 *mehrere Klammern auflösen und zusammenfassen*

a) $33 + 3x - x^2$
b) $18x + 3x^2 + 16$
c) $9x + x^2 + 2xy + y^2 + 24 + 4y$
d) $25 + 7y + 4xy + 4y^2$

27 **29** *passende Umformung nach der ersten binomischen Formel zuordnen und ergänzen*

① c) $(c + 12d)^2$
② d) $(c + d)^2$
③ e) $(c + 7d)^2$
④ b) $(c + 6d)^2$
⑤ f) $(c + 15)^2$
⑥ a) $(c + 14d)^2$

30 *fehlerhafte Umformungen korrigieren, sodass es sich um binomische Formeln handelt*

a) $64 + \mathbf{80}x + 25x^2 = (8 + 5x)^2$
b) $y^2 - \mathbf{26}yz + 169z^2 = (y - 13z)^2$
c) $2{,}25a^2 - 9ab + 9b^2 = (1{,}5a \mathbf{-} 3b)^2$
d) $1{,}21x^2 - 1{,}1xy \mathbf{+} 0{,}25y^2 = (1{,}1x - 0{,}5y)^2$

27 31 *binomische Formeln „rückwärts" anwenden (Klammerausdruck finden)*

a) $(r+s)^2$ **b)** $(12+x)^2$ **c)** $(x-8)^2$
d) $(5-4b)^2$ **e)** $(s+r)\,(s-r)$ **f)** $(13+m)\,(13-m)$

Zuerst prüft man, welche Formel angewendet wurde:
- wenn drei Terme **addiert** werden: 1. binomische Formel
- wenn der zweite Term (von insgesamt drei Termen) **subtrahiert** wird: 2. binomische Formel
- bei einer **Differenz aus zwei (quadrierten) Termen**: 3. binomische Formel

Finden der Aufgabe nach der 1. oder 2. binomischen Formel: $(a+b)^2$ bzw. $(a-b)^2$
Die Quadratwurzel aus dem ersten Summanden ist der erste Bestandteil des Klammerausdrucks (a). Die Quadratwurzel aus dem letzten Summanden ist der zweite Bestandteil des Klammerausdrucks (b). (Prüfen, ob der Mittelteil das Doppelte des Produkts aus erstem und zweitem Bestandteil des Klammerausdrucks ist.)

Finden der Aufgabe nach der 3. binomischen Formel: $(a+b)\cdot(a-b)$
Die Quadratwurzel aus dem Minuenden ist jeweils der erste Bestandteil der beiden Klammern (a), die Quadratwurzel aus dem Subtrahenden ist der zweite Bestandteil (b). Beide Klammern bilden ein Produkt.

32 *Terme mit Hilfe der binomischen Formeln mit Klammer als Potenz schreiben*

a) $(x-y)^2$ **b)** $(a+3)^2$ **c)** $(y+4)^2$ **d)** $(x-5y)^2$
e) $(r-4s)^2$ **f)** $(a-7)^2$ **g)** $(a+2b)^2$ **h)** $(3x+y)^2$
i) $(c+5d)^2$ **j)** $(9a-b)^2$ **k)** $(2t-u)^2$ **l)** $(o+8p)^2$

33 *Terme mit Hilfe der binomischen Formeln als Produkt schreiben, falls möglich; begründen*

a) Nein, denn bei keiner der drei binomischen Formeln erhält man als Ergebnis eine Summe aus zwei Summanden.
b) $(7-x)\,(7+x)$
c) Aus x^3 lässt sich – mit den Mitteln, die die Schülerinnen und Schüler bisher kennen – nicht die Quadratwurzel ziehen.
d) Nein, denn bei keiner der Formeln erhält man eine Differenz mit zwei Subtrahenden.
e) Nein, denn $-x^2$ ist keine Quadratzahl. Quadratzahlen sind immer positiv.
f) Nein, denn z.B. müsste am Ende y^2 stehen, wenn im mittleren Teil des Ausdrucks y vorkommt.
g) Nein, denn der Faktor 2 fehlt beim mittleren Summanden.
h) $-64+a^2=a^2-64=(a+8)\,(a-8)$

34 *Terme mit Hilfe der binomischen Formeln als Produkt schreiben*

a) $(x+y)\,(x-y)$ **b)** $(a+9b)\,(a-9b)$ **c)** $(x+12)\,(x-12)$
d) $(e-5f)^2$ **e)** $(8m+1)\,(8m-1)$ **f)** $(a-7)^2$

35 *Terme mit Hilfe der binomischen Formeln als Produkt schreiben (faktorisieren)*

a) $(x+10)^2$ **b)** $(m-9)^2$ **c)** $(s+14t)\,(s-14t)$
d) $(2x+2y)^2$ **e)** $\left(\frac{1}{2}+b\right)\left(\frac{1}{2}-b\right)$ **f)** $(7-4y)^2$

27 36 *Vorgehensweise des Faktorisierens mit Hilfe der binomischen Formeln reflektieren*

Nein, das reicht nicht aus. Der mittlere Term muss auch „passen".
Z.B. x^2+xy+y^2: Mit Sabrinas Methode erhielte man $(x+y)^2$.
Es ist aber $(x+y)^2$ nach der ersten binomischen Formel gleich $x^2+\mathbf{2}xy+y^2$.

37 *Terme mit Hilfe der binomischen Formeln als Produkte schreiben (faktorisieren), wenn möglich*

a) $(x+7)^2$ **b)** $(2a+3b)^2$ **c)** mittl. Wert passt nicht
d) $(4a+7b)\,(4a-7b)$ **e)** q ist keine Quadratzahl **f)** $(6t+3b)^2$
g) $(5c+7d)^2$ **h)** $(3k-2l)^2$ **i)** $(9a-7x)^2$
j) $(8x-12y)\,(8x+12y)$

38 *Argumentationsübung zu typischem Fehler bei Anwendung der binomischen Formeln*

$(a+b)\cdot(a+b)=(a+b)^2=a^2+\mathbf{2ab}+b^2\neq a^2+b^2$
(In der dritten binomischen Formeln „entfällt" der Mittelteil durch die unterschiedlichen Rechenzeichen: $(a+b)\cdot(a-b)=a^2+\mathbf{ab}-ab+b^2=a^2-b^2$. Das ist bei gleichen Rechenzeichen nicht der Fall.)

39 *Terme mit Hilfe der binomischen Formeln faktorisieren (mit Brüchen)*

a) $\left(\frac{2}{3}x-\frac{1}{9}y\right)\left(\frac{2}{3}x+\frac{1}{9}y\right)$ **b)** $\left(\frac{5}{7}a+\frac{4}{5}b\right)\left(\frac{5}{7}a-\frac{4}{5}b\right)$ **c)** $\left(\frac{1}{2}x+\frac{1}{3}y\right)^2$
d) $\left(\frac{2}{5}a-\frac{3}{4}b\right)^2$ **e)** $\left(\frac{2}{3}m+\frac{1}{8}\right)^2$ **f)** $\left(\frac{1}{5}x+\frac{3}{4}y\right)^2$

28 Das Pascal'sche Dreieck

Das Pascal'sche Dreieck eignet sich hervorragend zum Erforschen von Mustern und Beziehungen bei Zahlen. Die Schülerinnen und Schüler sollen selbst Plakate mit dem Pascal'schen Dreieck erstellen und dann in Gruppen die verschiedenen Arbeitsaufträge zum Färben bestimmter Zahlenfolgen erledigen. Die verschiedenen Plakate können im Klassenraum präsentiert werden.
(Gute Veranschaulichungen der Muster durch java-applets findet man auch unter http://www.arndt-bruenner.de/mathe/scripts/pascalmod.htm.)
Nach der Gruppenarbeit kann Aufgabe 3 zur Berechnung von Potenzen von Binomen bearbeitet werden.

29 1 *Pascal'sches Dreieck ergänzen, Zahlengruppen darin benennen*

a) Ein Eintrag ist die Summe aus den beiden diagonal versetzten in der Zeile darüber stehenden Zahlen.

b)

1
1 1
1 2 1
1 3 3 1
1 4 6 4 1
1 5 10 10 5 1
1 6 15 20 15 6 1
1 7 21 35 35 21 7 1

c) An den schrägen Rändern stehen auf beiden Seiten Einsen.
d) Auf der zweiten Diagonalen liegen in beiden Richtungen die natürlichen Zahlen.

29 **2** *Zusammenhänge im Pascal'schen Dreieck entdecken*

durch 2 teilbar:
Man erhält ein Muster aus drei kleinen und einem großen Dreieck.
Summe der Zahlen:
Es ergeben sich die Zweierpotenzen $2^0 = 1$; $2^1 = 2$; $2^2 = 4$; $2^3 = 8$; usw.
durch 3 teilbar:
Man erhält ein Muster aus neun kleinen und einem großen Dreieck.
Dreieckszahlen:
Die Zahlen in der dritten Diagonale und die Anzahl von Punkten, die man zum Zeichnen eines Dreiecks benötigt, sind gleich. Die Zahlenfolge ist nach dem Muster aufgebaut, dass von der Eins ausgehend ein immer um eins vergrößerter Summand addiert wird, um die nächste Summe zu erhalten.
durch 4 teilbar:
Man erhält ein Dreiecksmuster.
durch 5 teilbar:
Man erhält drei mittelgroße Dreiecke.
durch 7 teilbar:
Man erhält ein großes Dreieck.

3 *Koeffizienten im Binomen mit Hilfe des Pascal'schen Dreiecks bestimmen*

① $(a+b)^3 = a^3 + 3a^2b + 3ab^2 + b$
② $(a+b)^4 = a^4 + 4a^3b + 6a^2b^2 + 4ab^3 + b^4$
③ Die Koeffizienten der Summanden sind im Pascal'schen Dreieck jeweils zeilenweise zu lesen. Die Koeffizienten der Summanden von $(a+b)^3$ sind in der 4. Zeile, die von $(a+b)^4$ sind in der 5. Zeile zu lesen.
④ Die Koeffizienten der Potenz $(a+b)^5$ finden sich in der 6. Zeile.
⑤ Erklärung individuell verschieden
⑥ $(a+b)^6 = a^6 + 6a^5b + 15a^4b^2 + 20a^3b^3 + 15a^2b^4 + 6ab^5 + b^6$
$(a+b)^7 = a^7 + 7a^6b + 21a^5b^2 + 35a^4b^3 + 35a^3b^4 + 21a^2b^5 + 7ab^6 + b^7$

30 Vermischte Übungen

1 *Terme zusammenfassen*

a) $5{,}1x + 1{,}5a$ **b)** $-18a - 26ab$ **c)** $-43c^2 - 5c + 97$
d) $-6x - 102xy + 44y$ **e)** $\frac{5}{4}a - \frac{4}{9}b$

2 *Produkte vereinfachen (als Potenzen schreiben)*

a) $70a^3$ **b)** $180ab^2$ **c)** $56x^2y$ **d)** $-625c^2d$
e) $-6a^2b^3$ **f)** $-168x^2y^2$

3 *Terme vereinfachen (Plus- und Minusklammern auflösen)*

a) $3x$ **b)** x **c)** $-x$ **d)** x **e)** x **f)** $-x$ **g)** $3x$ **h)** $-x$

30 **4** *Terme mit Plus- und Minusklammern der Größe nach ordnen (ohne vorheriges Zusammenfassen)*

a) $6 - (5+3) < 6 - (5-3) < 6 + (5-3) < 6 + 5 + 3$
b) $13 - (7+5) < 13 - (7-5) < 13 + 7 - 5 < 13 + (7+5)$

5 *Plus- und Minusklammern in Termen auflösen; zusammenfassen*

a) $-2x + 8y$ **b)** $-14x - 16a$ **c)** $-21x + 33$ **d)** $6r - 4s$ **e)** $8a^2 + 8a$

6 *geschachtelte Klammern auflösen; zusammenfassen*

a) x **b)** -5 **c)** $a + 4$ **d)** $11y$
e) $-5x + 20$ **f)** $30c + 32$

7 *Term mit Klammern ausmultiplizieren (ein Faktor vor der Klammer)*

a) $5x + 10$ **b)** $24 - 8x$ **c)** $a + a^2$ **d)** $6a - 3a^2$
e) $2ax - 2x$ **f)** $14b^2 + 14ab$ **g)** $14b - 28by$ **h)** $11xy + 30y$
i) $12a - 18b + 30c$ **j)** $-60x + 75y - 30z$

8 *Terme ausmultiplizieren und zusammenfassen (ein Faktor vor der Klammer)*

a) $-4a + 99$ **b)** $-8x^2 + 22x - 24$ **c)** $30ab - 10a^2$
d) $14x - 3xy + 30y$ **e)** $5ab - 4a - b$

9 *Terme für Flächeninhalt und Umfang von Figuren angeben; vereinfachen*

linke Figur: $A = 2xy - x(y - x) = x^2 + xy$ $u = 4x + 2y$
rechte Figur: $b = 3c$; $A = ab - 2c^2 = 3ac - 2c^2$ $u = 2a + 10c$

10 *ausgeklammerten Faktor bestimmen*

a) 3 **b)** 15 **c)** 12 **d)** a **e)** -8 **f)** $7x$
Lösungswort: UNGARN (Kontinent: Europa)

11 *gegebenen Faktor ausklammern*

a) $2(-16x - 8xy)$ $-4(8x + 4xy)$ $4x(-8 - 4y)$
b) $2(50x - 12xy + 18x)$ $-4(-25x + 6xy - 9x)$ $4x(25 - 6y + 9)$
c) $2(-10x^2 + 16ax)$ $-4(5x^2 - 8ax)$ $4x(-5x + 8a)$
d) $2(20x^2 - 6xy - 5x)$ $-4(-10x^2 + 3xy + 2{,}5x)$ $4x(10x - 3y - 2{,}5)$

12 *größtmöglichen Faktor ausklammern*

a) $15(7x - 5y)$ **b)** $21(2a + 3)$ **c)** $x(23 - a)$ **d)** $12(3 - 4b)$
e) $2a(7 + b)$ **f)** $13x(2a - 3b)$ **g)** $7(7u + 12)$ **h)** $48o(3 - 2p)$
i) $27y(1 - 2x)$ **j)** $75s(2r + 3)$

13 *Termumformungen prüfen; Zuordnungen korrigieren*

Nur rechts oben wurde richtig zugeordnet.
korrekte Zuordnung: $14x + 35xy + 28x = 7x(2 + 5y + 4)$
$4x(2x + 5y + 4) = 8x^2 + 20xy + 16x$
$2(2x + 5y + 4) = 4x + 10y + 8$

31 **14** *Argumentationsübung: Aussagen über Seitenlängen im Quadrat prüfen*

a) falsch; Es ist $(2a)^2 = 4a^2$. Der Flächeninhalt vervierfacht sich mit der Verdopplung der Seitenlänge.

b) richtig; Es ist $4 \cdot 2a = 2 \cdot 4a$.

c) richtig; Es ist $4 \cdot (a+2) = 4a + 8$.

15 *Klammern so setzen, dass man eine wahre Aussage erhält*

a) $12 - (3a - 8)$ **b)** $9(x+y)$ **c)** $7b - (8+6)$
d) $20a(5-a)$ **e)** $3(x+y-6)$ **f)** $7x(x+2)+5$

16 *Zahlentrick ausprobieren und begründen*

a) individuell verschieden

b) a sei die gedachte Zahl: $[(a+5)\cdot 2] - a = 2a + 10 - a = a + 10$
Das Ergebnis ist um 10 größer als die gedachte Zahl. Es muss also nur wieder 10 abgezogen werden, um die gedachte Zahl zu erhalten.

17 *Termumformungen prüfen*

a) $=$ **b)** $\neq$ **c)** $=$ **d)** $\neq$ **e)** $=$ **f)** $\neq$

18 *Terme der Größe nach ordnen*

$7 - (2+x) < 7 + 2 - x < 7 - 2 + x < 7 + (2+x)$

19 *zu gegebener Wortvorschrift passende Terme aufstellen und vereinfachen*

a) $2(a+b) = 2a + 2b$

b) $4[n + (n+1)] = 4(2n+1) = 8n + 4$

c) $3(a+b+c) = 3a + 3b + 3c$

d) $\frac{1}{3}[n + (n+1) + (n+2)] = \frac{1}{3}(3n+3) = n + 1$

e) $\frac{1}{2}(4a + 4b + 4c) = 2(a+b+c)$

20 *Produkte aus Summen ausmultiplizieren*

a) $x^2 + 15x + 54$ **b)** $s^2 - 19s + 84$ **c)** $-a^2 - ac - ab - bc$
d) $-9b^2 + 139b - 60$ **e)** $44c - 3c^2 + 64$ **f)** $-48m^2 + 128m - 45$
g) $x^2 + 2x - 1{,}25$ **h)** $-4{,}5r^2 + 9rs - 4s^2$ **i)** $\frac{1}{3}a^2 - \frac{2}{3}ab - b^2$
j) $\frac{3}{2}x^2 + 15\frac{1}{8}xy + \frac{5}{4}y^2$

21 *Sachaufgabe: Term für Flächeninhalt aufstellen und prozentuale Verkleinerung berechnen*

a) $(a - 0{,}3)^2\ \text{m}^2 = (a^2 - 2 \cdot 0{,}3a + 0{,}09)\ \text{m}^2$

b) 36%; $1{,}5 \cdot 1{,}5\ \text{m}^2 = 2{,}25\ \text{m}^2$; $1{,}2 \cdot 1{,}2\ \text{m}^2 = 1{,}44\ \text{m}^2$; $1 - \frac{144}{225} = 0{,}36$

22 *binomische Formeln anwenden*

a) $a^2 - 24a + 144$ **b)** $x^2 + 30x + 225$ **c)** $256 - 32x + x^2$ **d)** $m^2 - 196$
e) $x^2 + 50x + 625$ **f)** $a^2 - 169$ **g)** $6{,}25x^2 + 5xy + y^2$ **h)** $49x^2 - 28xy + 4x^2$

31 **23** *Sachaufgabe: Volumen eines Quaders berechnen; allgemeinen Term angeben*

a) $24 \cdot 12 \cdot 6\ \text{cm}^3 = 1728\ \text{cm}^3$

b) $(a - 2d)(b - 2d)\,d = abd - 2ad^2 - 2bd^2 + 4d^3$

24 *Summen und Differenzen als Produkte schreiben (binomische Formeln „rückwärts" anwenden)*

a) $(x+5)^2$ **b)** $(8x - 9y)(8x + 9y)$ **c)** $a(100 - 20b + a)$
d) $(2x + 3a)^2$ **e)** $(0{,}2a - 0{,}6y)(0{,}2a + 0{,}6y)$ **f)** $(6x+y)^2$
g) $(9x - 2y)^2$ **h)** $9ax(4a + 3x)$

25 *mehrere Klammern in Termen auflösen und zusammenfassen*

a) $2(x^2 + y^2)$ **b)** $2a^2 + 16a + 15$
c) $10x - 34$ **d)** $-5a^2 + 2ab$
e) $9x^2 + 48xy + 36y^2$

32 **Farbige Terme**

a) z.B.: Es handelt sich um ein Quadrat mit der Seitenlänge $a + b + c$ mit $a = b + c$ und $c = 2b$. Durch die jeweils unterschiedliche Färbung der Abschnitte a, b und c erhält man innerhalb des Quadrats verschiedenfarbige Rechteckflächen mit den Seiten a und c bzw. b und c sowie (in der Mitte) Quadrate mit der Seitenlänge b.

b) Jede Seite hat die Länge $a + b + c$. Ausführlich geschrieben erhält man für den Umfang den Term $a + b + c + a + b + c + a + b + c + a + b + c$.
Zusammenfassen ergibt $4a + 4b + 4c$
Teilflächen:
kleines Quadrat $u = b + b + b + b = 4b$
kleines Rechteck $u = b + c + b + c = 2b + 2c$
großes Rechteck $u = a + c + a + c = 2a + 2c$

c) kleines Quadrat $A = b \cdot b = b^2$
kleines Rechteck $A = bc$
großes Rechteck $A = ac$ (oder $2(c+d) + 2c = 2b + 4c$)

d) grüne Fläche: $a \cdot c + b \cdot c + b \cdot b = c(a+b) + b^2$

e) ① z.B. das grün-blaue Rechteck oben links.
② z.B. das Rechteck oben links aus den Farben grün, blau, pink, orange und lila
③ z.B. das Quadrat in der Mitte, das aus den vier kleinen Quadraten gebildet wird.
④ z.B. das Quadrat oben links aus den Farben grün, pink und orange
⑤ siehe ④
⑥ siehe ①
⑦ z.B. das Rechteck aus den Farben grün und dunkelgrün
⑧ siehe ②, da $a = b + c$

32 Farbige Terme (Fortsetzung)

f) ① siehe e) ①
② siehe e) ④
③ Man erhält ein Rechteck mit den Seitenlängen $a + b + b$ und $a + b + b + a$ (Beispiele siehe Zeichnungen)
④ Es gibt keine Teilfläche der Größe b.

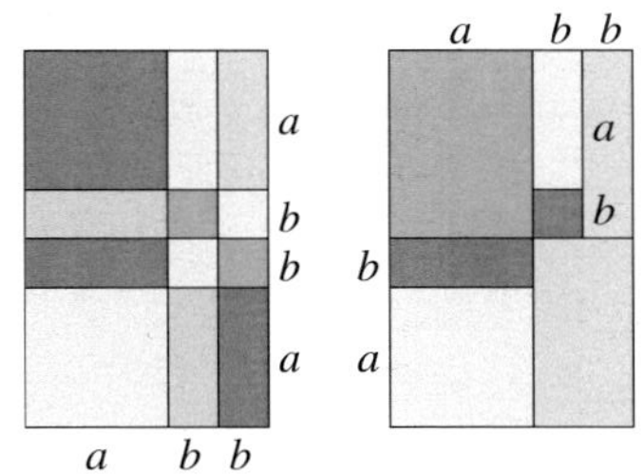

g)

Wortvorschrift	Term für den Flächeninhalt
Länge mal Breite	$(a + b + c) \cdot (a + b + c) = a^2 + b^2 + c^2 + 2ab + 2ac + 2bc$
zwölf Teilflächen	$4ac + 4bc + 4b^2 = 4(ac + bc + b^2)$
drei waagerechte Streifen	$3 \cdot c(a + b + c) = 3ac + 3bc + 3c^2$
zwei senkrechte Streifen	$2 \cdot a(a + b + c) = 2a^2 + 2ab + 2ac$
vier Quadrate	$4a^2$

h) $u = 4(a + b + c) = 4(a + b + 2b) = 4(a + 3b) = 4a + 12b$
weitere Zusammenhänge: $a = b + c$; $a = 3b$

i) individuell verschieden

Lineare Gleichungen und Funktionen

Das Lösen von einfachen Gleichungen mit Hilfe von Äquivalenzumformungen ist seit Klasse 7 bekannt. Es wird in diesem Kapitel kurz wiederholt. Andere Lösungswege wie Probieren, systematisches Einsetzen oder grafische Lösungen (z.B. bei Bewegungsproblemen) werden thematisiert. In der zweiten Lerneinheit wird noch einmal auf die Methode des systematischen Lösens von Sachaufgaben (Sechs-Schritte-Verfahren) eingegangen. Dies wird verknüpft mit anspruchsvolleren Gleichungen, bei denen auch Klammern aufgelöst werden müssen. Mit einer wichtigen Anwendung von Gleichungen, dem Umstellen von Formeln, die auch in den Naturwissenschaften benötigt wird, beschäftigt sich Lerneinheit 3. Die letzte Lerneinheit thematisiert nach einer kurzen Einführung des Funktionsbegriffs mit den verschiedenen Darstellungsarten von linearen Funktionen und ihren Anwendungen insbesondere den Vergleich von Tarifen (E-Kurs-Stoff).

36 Noch fit?

1 *Termwerte berechnen*

a) 97 **b)** −40 **c)** 10,5 **d)** 14 **e)** −17
f) 0 **g)** 10 **h)** −4,5 **i)** 16 **j)** 11

2 *Termwerte berechnen und vergleichen*

Für $x = 6$ haben alle Terme den Wert 20.

3 *Terme aufstellen*

a) z.B. x: Alter der Schwester; $x + 2$: Pauls Alter; $(x + x + 2) \cdot 2$: Alter des Vaters
b) y: Anzahl der Kilometer; $1{,}6y + 3$: Kosten einer y Kilometer langen Taxifahrt
c) p: Nettopreis der gekauften Waren; $p + 0{,}19p$ (alternativ: $1{,}19p$): Bruttopreis
d) s: Anzahl der Stimmen für Simon; $3s$: Anzahl der Stimmen für Tina
e) b: Grundstücksbreite; $2b + 2(b + 10)$ $(= 4b + 20)$: Länge des Zauns

4 *Gleichungen lösen*

a) $x = 23$ **b)** $x = 9$ **c)** $x = 16{,}5$ **d)** $x = 24$
e) $x = 4$ **f)** $x = -7$ **g)** $x = -6$ **h)** $x = -0{,}5$

5 *bereits bekannte Formeln sammeln*

a)

Flächeninhalt des Quadrats	$A = a^2$
Umfang eines Quadrats oder einer Raute	$u = 4a$
Flächeninhalt des Rechtecks	$A = ab$
Umfang eines Rechtecks	$u = 2a + 2b$
Oberflächeninhalt des Quaders	$A_O = 2ab + 2ac + 2bc$
Winkelsumme im Dreieck	$\alpha + \beta + \gamma = 180°$

b) individuell verschieden

36 Bunt gemischt

1. $25\,€ \cdot 0{,}85 = 21{,}25\,€$
2. $(1200\,€ \cdot 5) : 4 = 1500\,€$
3. $6a^2 = 150\text{ cm}^2$, also $a = 5$ cm und somit $V = a^3 = 125\text{ cm}^3$
4. siehe Zeichnung (auf die Hälfte verkleinert)

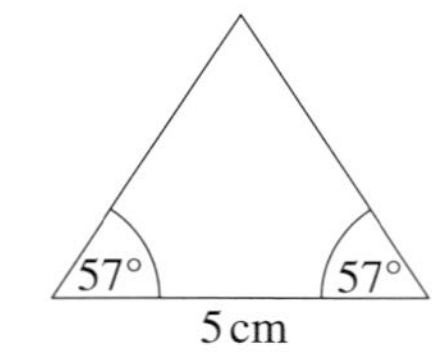

5. $u = 2a + 2b = 2 \cdot 7\text{ cm} + 2b = 32$ cm, also $b = 9$ cm
$A = a \cdot b = 7\text{ cm} \cdot 9\text{ cm} = 63\text{ cm}^2$
6. individuell verschieden, z.B.:
Lebensjahre 1 bis 3 durchschnittlich 12 h täglich $(3 \cdot 365 \cdot 12\text{ h} = 13\,140\text{ h})$,
Lebensjahre 4 bis 6 durchschnittlich 10 h täglich $(3 \cdot 365 \cdot 10\text{ h} = 10\,950\text{ h})$,
Lebensjahre 7 bis 13 durchschnittlich 9 h täglich $(7 \cdot 365 \cdot 9\text{ h} = 22\,995\text{ h})$
Das ergibt bis zum Ende des 13. Lebensjahres etwa $47\,085\text{ h} \approx 50\,000$ Stunden Schlaf.
7. 45 l reichen für 810 km. Dann reicht 1 l für $(810 : 45)$ km = 18 km. 18 l reichen für $18 \cdot 18\text{ km} = 324$ km.
8. Sei n die erste der drei Zahlen, dann gilt:
$n + (n + 1) + (n + 2) = 57$, also $n = 18$ Es sind die Zahlen 18, 19 und 20.
9. $V = abc = 60\text{ cm} \cdot 30\text{ cm} \cdot 40\text{ cm} = 72\,000\text{ cm}^3$; $\frac{3}{4} \cdot 72\,000 = 54\,000\text{ cm}^3 = 54$ l

Nachgedacht

$1 + (1 + 2) + (1 + 2 + 3) + (1 + 2 + 3 + 4) = 1 + 3 + 6 + 10 = 20$
Bei 10 Schichten sind es 220 Kugeln.

37 Gleichungen aufstellen und lösen

Erforschen und Entdecken

Gleichungen in verschiedenen Darstellungsformen lösen

Termaufgabe:

① $x = 1$ ② $x = -7$ ③ $x = 13$ ④ $x = 5$

Zylinderaufgabe:

$x = 6{,}5\text{ kg} - 2{,}5\text{ kg} = 4$ kg.

Waagenaufgabe:

Das Kind wiegt 5 Säcke minus ein Schaf, welches 4 Katzen wiegt.
Außerdem wiegen 6 Katzen so viel wie drei Säcke, also 5 Säcke so viel wie 10 Katzen und somit wiegt das Kind so viel wie $10 - 4 = 6$ Katzen, bzw. so viel wie 3 Säcke.

Altersaufgabe:

F: das Alter der Frau; $115 - F$: das Alter der Tochter; $95 - F$: das Alter der Enkelin
$(115 - F) + (95 - F) = 70$; $F = 70$; Tochter: $115 - 70 = 45$; Enkelin: $95 - 70 = 25$
Die Frau ist 70 Jahre alt, die Tochter 45, die Enkelin ist 25 Jahre alt.

Rechteckaufgabe:

a: Länge; b: Breite des Rechtecks; $a = b + 4$; $u = 2a + 2b = 20$ cm.
$2(b + 4) + 2b = 2b + 8 + 2b = 4b + 8 = 20$, also $4b = 12$; $b = 3$; $a = b + 4 = 3 + 4 = 7$
Das Rechteck ist 7 cm lang und 3 cm breit.

37 Streichholzaufgabe:
x: Anzahl Streichhölzer pro Schachtel
a) $2x = x + 3;\ x = 3$ **b)** $x + 4 = 3x + 2;\ x = 1$

Einkaufsaufgabe:
Es sei F die Anzahl der Filzstifte und G die Anzahl der Gelstifte.
Dann gilt $5F + 3G = 8{,}8$.
a) z.B. $F = 0{,}8$ und $G = 1{,}6$ (oder $F = G = 1{,}1$) lösen die Gleichung.
b) Dann müssten die drei Gelstifte zusammen 2,80 € gekostet haben, was nur mit Rest durch 3 teilbar ist. Die Angabe kann nicht stimmen.
c) Mit dieser zusätzlichen Angabe kostet ein Filzstift 0,80 € und ein Gelstift 1,60 €.

38 Basisaufgaben

1 *Umformungsschritte beim Lösen von Gleichungen angeben*
a) $|+5\ |:8$ **b)** $|-4\ |-11x\ |:3$
c) $|+4x\ |+6\ |:7$ **d)** $|+x\ |-7\ |:3{,}5$

2 *Gleichungen mit Hilfe des Waagemodells lösen; Umformungsschritte angeben*
a) $2x + 4 = 8$; Umformungen $|-4\ |:2$; Lösung: $x = 2$
b) $4x = 2x + 6$; Umformungen $|-2x\ |:2$; Lösung: $x = 3$
c) $3x + 5 = x + 7$; Umformungen $|-x\ |-5\ |:2$; Lösung: $x = 1$
x steht jeweils für die Anzahl von Kugeln in jeder Kiste.

39 **3** *einfache Gleichungen lösen (eine Äquivalenzumformung)*
a) $x = 3$ **b)** $x = 2$ **c)** $x = 13$ **d)** $x = -3$
e) $x = -1$ **f)** $x = -12$ **g)** $x = 9$ **h)** $x = 12$
Lösungswort: TUNESIEN (Kontinent: Europa)

4 *einfache Gleichungen lösen (zwei Äquivalenzumformungen)*
a) $x = 3$ **b)** $x = 4$ **c)** $x = 6$ **d)** $x = -2$
e) $x = -14$ **f)** $x = -10$ **g)** $x = 4$ **h)** $x = 13$

5 *Fehler beim Lösen mit Hilfe von Äquivalenzumformungen korrigieren*
a)
$$4x + 7 = 36 \quad |:4$$
$$x + \mathbf{1{,}75} = 9 \quad |-1{,}75$$
$$x = 7{,}25$$
b)
$$-4x + 12 = -24 \quad |-12$$
$$-4x = -36 \quad |:(-4)$$
$$x = 9$$

6 *Gleichungen lösen*
a) $x = 3$ **b)** $x = 7$ **c)** $x = -4$ **d)** $x = -\frac{1}{6}$

7 *Terme zusammenfassen, Gleichungen lösen*
a) $x = 12$ **b)** $b = -\frac{5}{2}$ **c)** $a = \frac{3}{4}$ **d)** $x = -20$ **e)** $x = \frac{7}{5}$

39 **8** *Gleichung durch systematisches Probieren lösen*
a) $17 - 2 \cdot 6 = 17 - 12 = 5$
5 ist kleiner als 11, also muss weniger von 17 subtrahiert werden:
$17 - 2 \cdot \mathbf{3} = 17 - 6 = 11$ Lösung ist $x = 3$
b) $4 \cdot 6 - 5 = 24 - 5 = 19$
19 ist kleiner als 35, also muss die Zahl, von der 5 subtrahiert wird, größer sein:
$4 \cdot \mathbf{10} - 5 = 40 - 5 = 35$ Lösung ist $x = 10$

9 *Knobelaufgaben den passenden Gleichungen zuordnen und lösen*
a) ④ $n = 5$ **b)** ① $x = 3$ **c)** ② $u = 22$ **d)** ③ $m = 7$

10 *Knobelaufgaben (mit Hilfe von Äquivalenzumformungen oder systematischem Probieren) lösen*
a) $5x = 35;\ x = 7$ **b)** $2x + 14 = 30;\ x = 8$ **c)** $x - 9 = 18;\ x = 27$
x steht jeweils für die gesuchte Zahl.

11 *Altersrätsel durch Probieren lösen*
A steht für das Alter von Anne, B für das Alter von Boris und E für das von Eva.
Es muss gelten: $A + B + E = 42$
Anne ist 28 Jahre alt, Boris ist 13 Jahre alt, Eva ist 1 Jahr alt.

Weiterführende Aufgaben

12 *(komplexere) Gleichungen durch Einsetzen von gegebenen Werten lösen*
a) $x = -2$ **b)** $x = \frac{1}{2}$ **c)** $x = 2$ **d)** $x = -1$

13 *Terme zusammenfassen und Gleichungen lösen*
a) $5y = -37{,}5;\ x = -7{,}5$ **b)** $x = 28$ **c)** $5z = -2{,}5;\ z = -0{,}5$
d) $a = 5$ **e)** $20x = -1;\ x = -\frac{1}{20}$

14 *Klammern auflösen, Gleichungen lösen*
a) $x = -1$ **b)** $a = -3$ **c)** $b = -3$ **d)** $z = -\frac{4}{3}$ **e)** $x = -3$

15 *Bruchgleichung mit systematischem Probieren lösen*
Für x = 7 ergibt sich 6; für x = 8 ergibt sich $\frac{13}{3}$; für x = 9 ergibt sich $\frac{14}{4}$; für x = 10 ergibt sich 3;... Die Lösung ist $x = 15$.

40 **16** *Äquivalenzumformungen beim Lösen von Gleichungen mit Brüchen angeben*
Äquivalenzumformungen nacheinander:
a) $|\cdot 3$ **b)** $|+5\ |\cdot 4$ **c)** $|-4\ |-x\ |\cdot 2$ **d)** $|-2\ |-\frac{1}{2}x\ |\cdot(-6)$

17 *Gleichungen mit Brüchen und Dezimalbrüchen lösen*
a) $a = 12$ **b)** $a = -22$ **c)** $x = 42$ **d)** $x = -27$ **e)** $y = 143$ **f)** $y = -96$
g) $r = -2$ **h)** $r = 56$ **i)** $x = 25$ **j)** $x = -84$ **k)** $x = 18$ **l)** $z = -3$

40 **18** *Gleichungen mit Brüchen lösen*

a) $x = 20$ **b)** $x = -36$ **c)** $x = \frac{40}{3}$ **d)** $x = -\frac{8}{5}$ **e)** $x = -12$ **f)** $x = \frac{21}{2}$

19 *Anwendungsaufgabe: Gewicht eines Lkw-Anhängers berechnen*

a: Gewicht des Anhängers; 2 t = 2000 kg

1650 kg + 1450 kg = $2a$ + 2000 kg; a = 550 kg

Der leere Anhänger wiegt 550 kg.

20 *drei aufeinander folgende Zahlen mit gegebener Summe ermitteln*

a) $41 + 42 + 43 = 126$

b) individuell, z.B. n steht für die mittlere Zahl, $n - 1$ für den Vorgänger und $n + 1$ für den Nachfolger. Die Summe dieser drei Zahlen soll 126 ergeben.

c) Luca bezeichnet die mittlere der drei Zahlen mit n. Er erhält die Lösung $n = 42$ und berechnet den Vorgänger und den Nachfolger mit $n - 1$ (= 41) und $n + 1$ (= 43).
Dennis nennt die erste Zahl n und erhält die Lösung $n = 41$. Er berechnet dann die beiden Nachfolger $n + 1$ (= 42) und $n + 2$ (= 43).
Beide Gleichungen führen zur selben Lösung.

21 *Sachaufgabe: Umfangsformel eines Rechtecks*

Es sind $2a + 2b = 96$ cm und $a = 2b$, also $6b = 96$ cm, somit $b = 16$ cm und $a = 32$ cm.

22 *Sachaufgabe: Winkelsumme im Dreieck*

Es gelten $\gamma + 2\alpha = 180°$ und $\gamma = 4\alpha$, also $\alpha = 30°$ und $\gamma = 120°$.

23 *Sachaufgabe: Aufteilung einer Geldsumme innerhalb der Familie*

k: Betrag, den jedes der Kinder erhält; jedes Elternteil erhält $2k$.

$2 \cdot 2k + 3k = 3500$ €, also $7k = 3500$ €; $k = 500$ €

Jedes Kind erhält 500 Euro.

24 *Gleichungen mit Produkten von Summen lösen*

a) $x = 18$ **b)** $x = -1$ **c)** $x = 0$ **d)** $x = -5$ **e)** $x = 4$

25 *Umformungsschritte benennen (Gleichungen mit Produkten von Summen/binomischen Formeln)*

a) Klammer auflösen; Zusammenfassen; $|-x^2$ $|-21$ $|:10$

b) Ausmultiplizieren; Zusammenfassen; $|-x^2$ $|+2x$ $|-9$ $|:8$

26 *komplexere Gleichungen mit Produkten von Summen/binomischen Formeln lösen*

a) $y = -4$ **b)** $y = -\frac{5}{3}$ **c)** $y = -2$ **d)** $y = 12$ **e)** $m = -3$ **f)** $m = 0$

Lösungswort: KUWAIT (Kontinent: Asien)

41 # Sachaufgaben systematisch lösen

Erforschen und Entdecken

1 *Anwendungsaufgabe: Lösungen für geometrische Probleme durch Probieren/Aufstellen von Gleichungen finden*

a) Es ist $2a + 2(a + 5) = 24$, also $a = 3{,}5$.
Die eine Seite ist also 3,5 cm, die andere 8,5 cm lang. Es gibt keine weitere Lösung.

b) Aus $2a + 2 \cdot 3a = 24$ folgt $a = 3$; die kurze Seite ist also 3 cm lang.

c) Aus $b + 2(b + 3) = 24$ folgt $b = 6$; die Basis ist somit 6 cm, die Schenkel sind 9 cm lang.

2 *Altersrätsel schrittweise über Gleichung lösen*

a) Der Lehrer ist 3-mal so alt wie seine Kinder zusammen: $36 = (4 + 8) \cdot 3$
In zwei Jahren ist der Lehrer 38 Jahre alt. Die Kinder sind dann 6 und 10 Jahre alt, also zusammen 16 Jahre. Das Verhältnis beträgt $\frac{38}{16} = \frac{19}{8}$; der Vater ist in 2 Jahren $\frac{19}{8}$-mal älter als die Kinder zusammen.

b) Alter der Kinder in x Jahren: $4 + x$ und $8 + x$
Alter beider Kinder zusammen in x Jahren: $4 + x + 8 + x = 2x + 12$

c) Alter des Vaters in x Jahren: $36 + x$
$36 + x = 2 \cdot (2x + 12)$; Lösung ist $x = 4$.
In 4 Jahren ist der Vater 40 Jahre alt und die Kinder zusammen 20 Jahre alt.

3 *Rätsel zum Flächeninhalt eines Rechtecks lösen; Lösungswege betrachten*

a) Es gilt $8 \cdot a = A$.
Es gibt zwei Möglichkeiten.
Die 8 cm lange Seite a wird verkürzt oder verlängert.

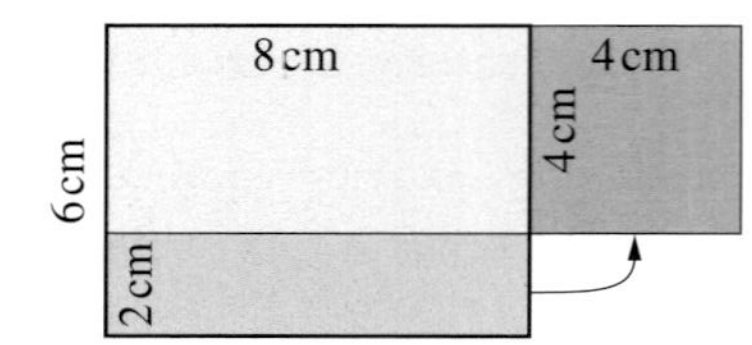

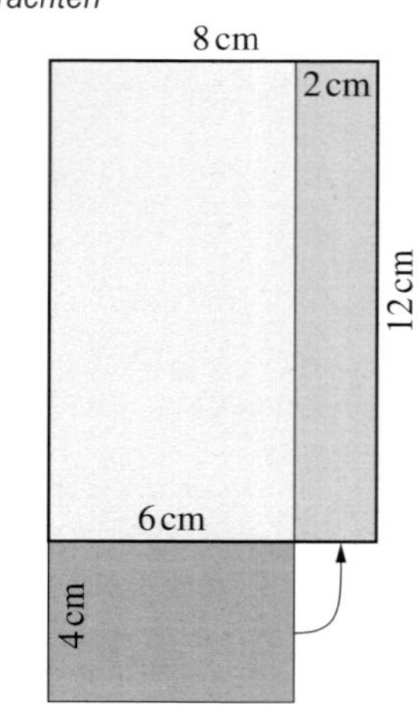

Im ersten Fall folgt
$ab = 8b = (8 - 2) \cdot (b + 4)$, also $b = 12$.
Im zweiten Fall folgt
$ab = 8b = (8 + 4) \cdot (b - 2)$, also $b = 6$.

b) Die Seiten von Melinas Rechteck waren entweder 8 cm und 6 cm oder 8 cm und 12 cm lang.
Die Flächeninhalte betragen 48 cm² bzw. 96 cm².

c) Ja, es gibt zwei Möglichkeiten; siehe a) und b)

41 4 *Gleichungen zu Knobelaufgabe aufstellen; Vorgehensweise erklären*

a) Maurice hat 17 Aufgaben richtig und 8 Aufgaben fehlerhaft gelöst.
$17 \cdot 0{,}5 - 8 \cdot 0{,}3 = 6{,}1$ Maurice erhält 6,10 € von seinem Opa.

b) x steht für die Anzahl der richtig gelösten Aufgaben.
Anzahl der falsch gelösten Aufgaben: $25 - x$

$x \cdot 0{,}5 - (25 - x) \cdot 0{,}3 = 3{,}7$ | Klammer auflösen
$0{,}5x - 25 \cdot 0{,}3 + 0{,}3x = 3{,}7$ | zusammenfassen
$0{,}8x - 7{,}5 = 3{,}7$ | + 7,5
$0{,}8x = 11{,}2$ | : 0,8
$x = 14$

Maurice hat 14 Aufgaben richtig gerechnet.

c), d) individuell verschieden

42 Basisaufgaben

1 *Terme für Altersrätsel angeben*

a) $x + 30$ **b)** $x + 30 - 2 = x + 28$ **c)** $x - 4$
d) $0{,}5x$ **e)** $2(x + 30) = 2x + 60$ **f)** $6x + 3$

2 *Altersrätsel im Sechs-Schritte-Verfahren lösen, Schritte vervollständigen*

3. Gleichung aufstellen: $2(x + 4) = 3x$
4. Gleichung lösen: $2(x + 4) = 3x$ | Klammer auflösen
$2x + 8 = 3x$ | $-2x$
$8 = x$
5. Lösung prüfen (am Sachproblem): Hanna ist 8 Jahre alt, Felix ist 12 Jahre alt. Felix' doppeltes Alter ist 24 Jahre. Hannas dreifaches Alter ist ebenfalls 24 Jahre.
6. Antwort formulieren: Hannah ist 8 Jahre alt.

43 3 *Altersrätsel im Sechs-Schritte-Verfahren lösen*

a) 1. Variable festlesen: Alter von Franziska: x
2. Terme bilden: Alter von Franziskas jüngerem Bruder: $x - 2$
Alter von Franziskas älterem Bruder: $x + 4$
Alter aller drei: $x + (x - 2) + (x + 4)$, zusammengefasst $3x + 2$
3. Gleichung aufstellen: $3x + 2 = 98$
4. Gleichung lösen: $3x + 2 = 98$ | -2
$3x = 96$ | : 3
$x = 32$
5. Lösung prüfen (am Sachproblem): Franziska ist 32 Jahre alt, ihr jüngerer Bruder 30 und ihr älterer Bruder 36. Zusammen sind sie $32 + 30 + 36 = 98$ Jahre alt.
6. Antwort formulieren: Franziska ist 32 Jahre alt, ihr jüngerer Bruder 30 und ihr älterer Bruder 36.

43 3 (Fortsetzung)

b) 1. Variable festlesen: Alter von Eric: x
2. Terme bilden: Alter von Pia: $x + 3$
Alter des Vaters: $5x$
Alter aller drei: $x + (x + 3) + 5x$; zusammengefasst $7x + 3$
3. Gleichung aufstellen: $7x + 3 = 52$
4. Gleichung lösen: $7x + 3 = 52$ | -3
$7x = 49$ | : 7
$x = 7$
5. Lösung prüfen (am Sachproblem): Eric ist 7 Jahre alt. Pia ist 10 Jahre alt. Ihr Vater 35 Jahre alt. Zusammen sind sie $7 + 10 + 35 = 42$.
6. Antwort formulieren: Eric ist 7 Jahre alt. Pia ist $7 + 3$, also 10 Jahre alt. Ihr Vater ist $5 \cdot 7$, also 35 Jahre alt.

4 *aufgestellte Gleichungen prüfen*

a) falsch; $x + (x + \mathbf{2}) = 26$ **b)** falsch; $x \cdot (x - 1) = 156$ **c)** richtig

5 *Zahlenrätsel mit Hilfe einer Gleichung lösen*

a) $2a - 7 = 13$, also $a = 10$ **b)** $2(a + 5) = 36$, also $a = 13$
c) $3(a - 15) = 96$, also $a = 46$

6 *Zahlenrätsel mit Hilfe einer Gleichung lösen*

$2(a + 12) - 26 = 32$, also $a = 17$ Lara hat sich die Zahl 17 gedacht.

7 *Gleichungen und Texte einander zuordnen*

①–Ⓓ; ②–Ⓑ; ③–Ⓐ; ④–Ⓒ

8 *Sachaufgabe mit Hilfe einer Gleichung lösen*

a) Am vierten Tag liest er 35 Seiten.

b) x: Lesepensum am ersten Tag
$x + 20$: Lesepensum am fünften Tag
$x + (x + 5) + (x + 10) + (x + 15) + (x + 20) = 300$
$5x + 50 = 300$
$x = 50$
Lesepensum am 5. Tag: $50 + 20 = 70$ Dimitrij hat am 5. Tag 70 Seiten gelesen.

Weiterführende Aufgaben

9 *Sachaufgabe mit Hilfe einer Gleichung lösen*

Frau Wieses Anteil: w; Frau Hartmanns Anteil: $w - 20$; Anteil der Chefin: $2w$
$w + (w - 20) + 2w = 200$
$4w - 20 = 200$, also $w = 55$
Frau Wiese zahlt 55 €, Frau Hartmann zahlt 35 €, die Chefin zahlt 110 €.

43 **10** *Tipps zum Lösen von Sachaufgaben mit Gleichungen formulieren*
individuell verschieden, siehe Lesen und Verstehen Seite 42

11 *Gruppenarbeit: Zahlenrätsel erfinden*
Aufgaben individuell verschieden

12 *zu Gleichungen passende Sachaufgaben formulieren*
individuelle Aufgaben, z. B.:

a) Wenn Anna zum Doppelten ihres Alters 4 addiert, erhält sie 40. Wie alt ist Anna?
$x = 18$ Anna ist 18 Jahre alt.

b) Eine Eintrittskarte in den Zoo kostet für Kinder 5 € weniger als für Erwachsene. Zwei Eintrittskarten für Kinder kosten genau so viel wie eine Karte für Erwachsene.
$x = 10$ Preis für Erwachsene: 10 €, für Kinder 5 €

c) Hasans Bruder Cem ist zwei Jahre jünger als Hasan. Hasans Cousin Ali ist doppelt so alt wie er. Alle drei sind zusammen 18 Jahre alt
$x = 5$ Hasan ist 5 Jahre alt, Cem ist 3 Jahre alt, Ali ist 10 Jahre alt.

d) Herr Meier läuft jede Woche 3-mal so viel km wie Herr Jonas. In zwei Wochen laufen beide zusammen 64 km.
$x = 8$ Herr Jonas läuft jede Woche 8 km, Herr Meier läuft wöchentlich 24 km.

13 *geometrisches Problem mit Hilfe einer Gleichung lösen (Winkelgrößen im Viereck), zeichnen*
Es gelten $\alpha + \beta + \gamma + \delta = 360°$, $\beta = \alpha - 20°$, $\gamma = 3\beta = 3(\alpha - 20°)$ und $\delta = 3\alpha$.
Also gilt $\alpha + (\alpha - 20°) + 3(\alpha - 20°) + 3\alpha = 360°$.
Daraus folgt $8\alpha = 440°$, also $\alpha = 55°$ und somit $\beta = 35°$, $\gamma = 105°$, $\delta = 165°$.
Zeichenübung allgemeines Viereck

44 **14** *Sachaufgabe mit Hilfe einer Gleichung lösen (Stimmenverteilung bei einer Klassensprecherwahl)*
G: Gesamtanzahl aller Stimmen; $\frac{2}{3}G$: Stimmen für Tina; $\frac{2}{3}G - 10$: Stimmen für Sarah
$\frac{2}{3}G + \left(\frac{2}{3}G - 10\right) + 1 = G$; $G = 27$; $\frac{2}{3} \cdot 27 = 18$
In der Klasse sind 27 Schüler. Für Tina stimmen 18 Schüler.

15 *Sachaufgabe lösen (Aufteilen eines Lottogewinns), Gleichung nicht unbedingt nötig*
Sie spenden 1500 €. Von den verbleibenden 13 500 € erhält Arne ein Drittel, also 4500 € und Niko zwei Drittel, also 9000 €.

16 *Sachaufgabe lösen (anteiliges Aufteilen einer Summe), Gleichung nicht unbedingt nötig*
Die Gesamtfläche beträgt 225 m².
Familie Kiraly zahlt $\frac{84}{225} \cdot 11\,475\ € \approx 4284\ €$.
Familie Neugebauer zahlt 3366 € und Familie Stehr 3825 €.

17 *Sachaufgabe lösen (anteiliges Aufteilen einer Summe), Gleichung nicht unbedingt nötig*
Sie müssen $\frac{600}{1224} \cdot 30\,600\ € = 15\,000\ €$ und $\frac{624}{1224} \cdot 30\,600\ € = 15\,600\ €$ zahlen.

44 **18** *Sachaufgabe mit Hilfe einer Gleichungen lösen (Preis bestimmen), Gleichung durch Gleichsetzen zweier Terme finden*

a) r: Preis für eine Rose
Beim Kauf von 20 Rosen (Preis $20r$) fehlen 3,50 €, er besitzt also $20r - 3{,}5$.
Beim Kauf von 15 Rosen (Preis $15r$) hat er 4 € übrig, er besitzt also $15r + 4$.
Daraus folgt
$$\begin{aligned} 20r - 3{,}5 &= 15r + 4 \quad &&|-15r \\ 5r - 3{,}5 &= 4 &&|+3{,}5 \\ 5r &= 7{,}5 &&|:5 \\ r &= 1{,}5 \end{aligned}$$
Eine Rose kostet 1,50 €.

b) Herr Sander hat $20 \cdot 1{,}50\ € - 3{,}50\ € = 26{,}50\ €$ zur Verfügung.
$26{,}50 : 1{,}50 \approx 17{,}7$ Er kann höchstens 17 Rosen kaufen.

19 *Sachaufgabe lösen (Rechteck zu Quadrat umwandeln)*
Länge der kürzeren Tischseite: a
Flächeninhalt einer der beiden abgeschnittenen Flächen: $20 \cdot a$
abgeschnittener Flächeninhalt: $2 \cdot 20a$
Aus $2a \cdot 20 = 3600$ folgt $a = 90$. Der Tisch ist 90 cm lang.
(oder bei Betrachtung der Tischflächen: Aus $x^2 + 3600 = x \cdot (x + 40)$ folgt $x = 90$.)

20 *Gleichung zu Zahlenrätsel aufstellen und lösen, Produkte von Summen auflösen*
Aus $(z + 2)(z + 3) = (z + 4)(z + 5)$ folgt $z = -\frac{7}{2} = -3{,}5$.

21 *Sachaufgabe: Flächeninhalte von Quadraten vergleichen, Produkte von Summen auflösen*
b steht für die Seitenlänge von Quadrat B.
$b + 6$ ist dann die Seitenlänge von Quadrat A.
$(b + 6)^2$ ist der Flächeninhalt von Quadrat A.
b^2 ist der Flächeninhalt von Quadrat B.
Es gilt $b^2 + 120 = (b + 6)^2$, also $b = 7$.
Die Seitenlängen der Quadrate betragen somit 7 cm und 13 cm.

22 *Sachaufgabe: Verkleinerung einer quadratischen Rasenfläche, Produkte von Summen auflösen*
a: ursprüngliche Seitenlänge der Rasenfläche; es gilt $a^2 - 50 = (a - 1)^2$, also $a = 25{,}5$.
Die Rasenfläche hatte ursprünglich 650,25 m² Fläche.

23 *Sachaufgabe: Flächeninhalt von Quadrat und Rechteck vergleichen, mit Produkt von Summen*
a: ursprüngliche Seitenlänge des Gartens; es gilt $a^2 = (a - 4)(a + 6)$, also $a = 12$
Der neue Garten ist 8 m × 18 m groß.

24 *Sachaufgabe: Oberflächeninhalte von Würfeln vergleichen, Produkte von Summen auflösen*
Es gilt $6a^2 + 288 = 6(a + 2)^2$, also $a = 11$.
Die gesuchte Seitenlänge beträgt 11 cm.

44 **25** *Sachaufgabe: Oberflächeninhalte von Würfeln vergleichen, Produkte von Summen auflösen*
Es gilt $6a^2 - 312 = 6(a-2)^2$, also $a = 14$.
Die gesuchte Seitenlänge beträgt 14 cm.

26 *Zahlenrätsel lösen, Produkte von Summen auflösen*
a) Es gilt $(n-1)^2 + 36 = (n+1)^2$, somit $n = 9$.
b) Es gilt $n(n+1) + 3 = 33$, also $n(n+1) = 30$. Dies gilt nur für $n = 5$.

45 Mischungsprobleme

Diese Seite enthält verschiedene Aufgabenstellungen zu Mischungsverhältnissen. Aufgabe 1 sollte in Einzel- oder Partnerarbeit bearbeitet werden und im Plenum gründlich besprochen werden. Durch die abgebildete Tabelle wird den Schülerinnen und Schülern eine Hilfe zur Erstellung einer geeigneten Gleichung angeboten. Dieses Verfahren kann auch in den folgenden Aufgaben angewandt werden. Auf die Bearbeitung von Aufgabe 7 sollte nicht verzichtet werden, da durch die Umkehraufgabe „von der Gleichung zur Sachsituation" das Verständnis für den Aufbau der Gleichungen für Mischungsprobleme gefördert wird.

1 *Sachaufgabe: Vitamin-C-Gehalt bei verschiedenen Mischungsverhältnissen berechnen*
a) individuell verschieden
b) x: Kirschsaftanteil. Somit ergibt sich der Anteil des Bananensaftes aus der entsprechenden Differenz zu 200 ml. 60 ml Tagesbedarf an Vitamin C sollen erreicht werden.
fehlende Terme: $0{,}35x$; $0{,}2(200 - x)$
c) individuell verschieden; z.B.:
Aus $0{,}35x + 0{,}2(200 - x) = 60$ folgt $x = 133\frac{1}{3}$.
Es müssen $133\frac{1}{3}$ ml Kirsch- und $66\frac{2}{3}$ ml Bananensaft gemischt werden,
also im Verhältnis 2:1, um genau den Tagesbedarf an Vitamin C im 0,2-Liter-Glas zu erhalten.

2 *Sachaufgabe: Mischungsverhältnis aus gegebenem Vitamin-C-Gehalt bestimmen*
Aus $0{,}35x + 0{,}2(250 - x) = 60$ folgt $x = 66\frac{2}{3}$.
Es müssen $66\frac{2}{3}$ ml Kirschsaft mit $188\frac{1}{3}$ ml Bananensaft gemischt werden.

3 *Sachaufgabe: Mischungsverhältnis aus gegebenem Vitamin-C-Gehalt bestimmen*
Aus $0{,}38x + 0{,}2(200 - x) = 60$ folgt $x = 111\frac{1}{9}$.
Es müssen $111\frac{1}{9}$ ml Apfelsaft mit $88\frac{8}{9}$ ml Birnensaft gemischt werden.

4 *Sachaufgabe: Mischungsverhältnis aus gegebenem Vitamin-C-Gehalt bestimmen*
Aus $0{,}45x + 0{,}35(300 - x) = 120$ folgt $x = 150$.
Hier werden die Säfte also im Verhältnis 1:1 zum gewünschten Ergebnis gemischt.

45 **5** *Sachaufgabe: Mischungsverhältnis aus gegebenem Vitamin-C-Gehalt und Verhältnis bestimmen*
Im Anteil $300 - x$ des Cocktails aus Grapefruit- und Pfirsichsaft beträgt der
Anteil des Vitamins C $\frac{2 \cdot 0{,}35 + 0{,}2}{3} = 0{,}3$.
Somit folgt $x = 200$ aus $0{,}45x + 0{,}3(300 - x) = 120$.
Der Cocktail wird aus 200 ml Orangensaft$66\frac{2}{3}$, ml Grapefruit- und $33\frac{1}{3}$ ml Pfirsichsaft gemischt.

6 *Sachaufgabe: Mischungsverhältnis von Pralinen bestimmen*
x: Anteil der Nougatpralinen
Dann folgt $x = 0{,}68$ aus $3{,}5x + 4{,}75(1 - x) = 3{,}9$.
Die Mischung enthält 680 g Nougat- und 320 g Krokantpralinen.

7 *Sachaufgabe zu vorgegebener Gleichung erstellen*
Sachtext individuell verschieden **a)** $x = \frac{500}{3}$ **b)** $x = 0{,}65$

8 *Sachaufgabe: Mischungsverhältnis von Kaffee aus vorgegebenem Preis bestimmen*
a) $0{,}65 \cdot 9\,€ + 0{,}35 \cdot 7{,}25\,€ = 8{,}3875\,€$
b) Aus $18x + 14{,}5(1 - x) = 16$ folgt $x = \frac{3}{7} \approx 0{,}4285$.
Sie sollte also nicht mehr als 428 g Arabica-Bohnen zumischen.

9 *Sachaufgabe: Mischungsverhältnis von Säuren aus Prozentangaben bestimmen*
x: Anteil der 30 %igen Salpetersäure
Dann folgt $x = 0{,}25$ aus $0{,}3x + 0{,}5(1 \cdot x) = 0{,}45$.
Die Säuren müssen also im Verhältnis 1 : 3 gemischt werden.

46 Bewegungsprobleme

Bewegungsprobleme bieten sich an, um unterschiedliche Lösungswege zu vergleichen. In Aufgabe 1 wird die Lösung durch systematisches Probieren mit Hilfe einer Tabelle mit einer grafischen Lösung verglichen, bevor eine Lösung durch Gleichungen verlangt wird. Bei der Bearbeitung der Aufgaben 3, 4 und 5 sollten die Schülerinnen und Schüler selbst ein geeignetes Verfahren wählen.

1 *Sachaufgabe: Treffzeit von Radfahrern über Tabelle, Graphen und Gleichung bestimmen*

a) individuell verschieden, z.B. Sarah trägt die zurückgelegten Strecken in Halbstundenabständen in eine Tabelle ein und kann so den Zeitpunkt des Einholens abschätzen. Lisa dagegen arbeitet mit einer grafischen Lösung und findet den Zeitpunkt des Einholens über den Schnitt zweier Geraden.

b) Sarah setzt ihre Tabelle fort:

Uhrzeit	vergangene Zeit	Strecke der Klasse	Strecke von Stefan
10:00	2 h	32 km	25 km
10:30	2,5 h	40 km	35 km
11:00	3 h	48 km	45 km
11:30	3,5 h	56 km	55 km
12:00	4 h	64 km	65 km

Man muss kontrollieren, wann die Strecke von Stefan die Strecke der Klasse erreicht. Lisa zeichnet eine zweite Gerade durch die blauen Punkte ein. Der Treffpunkt wird durch den Schnitt der Geraden dargestellt. Dort können Zeit (auf der x-Achse) und Strecke (auf der y-Achse) abgelesen werden.
Stefan holt die Klasse ca. um 11:45 Uhr ein. Es wurden ca. 60 km zurückgelegt.

c) x: Stefans Fahrzeit ab dem Treffpunkt (in h)
Dann ist $16x + 12 = 20x$, woraus $x = 3$ folgt. Er holt die Klasse also um 11:45 Uhr ein.

2 *Sachaufgabe: Treffpunkt von unterschiedlichen Zügen*

a) Der Güterzug hat nach 20 min einen Vorsprung von 14 km.
x: Fahrzeit des Eilzugs in h
Dann folgt $x = 0{,}5$ aus $42x + 14 = 70x$.
Die Züge treffen sich nach 50 min nach Abfahrt des Güterzugs.

b) Nein, in 50 min hat der Güterzug erst $\frac{5}{6} \cdot 42$ km $= 35$ km zurückgelegt.

3 *Sachaufgabe: Treffpunkt von Pkw und Lkw*

a) Der Vorsprung nach 45 min beträgt 45 km.
x: Fahrzeit der Frau in h. Dann folgt $x = \frac{9}{4}$ aus $60x + 45 = 80x$.
Die Frau holt den Fahrer nach 2 h 15 min, also um 11:30 Uhr ein.

b) Aus $60 \cdot 1{,}5 + 45 = 1{,}5y$ folgt $y = 90$.
Die Frau müsste $90\,\frac{\text{km}}{\text{h}}$ schnell fahren.

46 4 *Sachaufgabe: Graphen zu Bewegungsproblemen deuten*

a) gleichmäßig **b)** gleichmäßig mit zwei Pausen

5 *Sachaufgabe: Treffpunkt von Fahrradfahrern*

a) Nach 30 min hat Kerstin 8 km zurückgelegt.
x: Lisas Fahrzeit in h
Dann folgt $x = 3$ aus $16x + 22x = 122 - 8$. Sie treffen sich nach 3 h.

b) Kerstins Strecke in 3 Stunden: $3 \cdot 16$ km $= 48$ km
Lisas Strecke in 2,5 Stunden: $2{,}5 \cdot 22$ km $= 55$ km
Lisa hat, obwohl sie verschlafen hat, 7 Kilometer mehr bis zum Treffpunkt zurückgelegt.

47 Formeln umstellen

Erforschen und Entdecken

1 *verschiedene Lösungswege zum Umgang von Formeln vergleichen*

a) individuell verschieden; z.B.: Miriam setzt die gegebenen Größen in die Formel ein, fasst zusammen und löst dann nach b auf; Vorteil: sie kann gleich mit Zahlen rechnen, das fällt vielen Schülern leichter.
Jana löst zuerst die Formel nach b auf und setzt dann die gegebenen Größen ein; Vorteil: Wenn sie die weiteren Aufgaben (mit anderen Zahlenwerten für u und a) lösen muss, kann sie auf die umgestellte Formel zurückgreifen und ist schneller als Miriam.
Laura geht ähnlich vor wie Jana, sie startet jedoch mit der Umfangsformel in einer etwas anderen (leichter umstellbaren) Form und kommt deshalb auf eine „schönere" Formel für die Seitenlänge b.

b) 10 cm; 34,6 dm; 21,55 m; 10,1 cm; 2,7 m

2 *Formeln zur Prozentrechnung umstellen und nutzen*

a)
$W = \frac{G}{100} \cdot p$
↓ $\cdot 100$
$100 \cdot W = G \cdot p$
$:p$ → $G = \frac{100 \cdot W}{p}$
$:G$ → $p = \frac{100 \cdot W}{G}$

b) Es reicht, sich eine Formel zu merken, weil man die anderen Formeln durch Umstellen herleiten kann. Andererseits ist es weniger zeitaufwändig die Formeln ohne vorheriges Umstellen direkt verwenden zu können.

c) Lösungswege individuell; ① 2,5 %; ② 500 €; ③ 30 €

48 Basisaufgaben

1 *Flächenformel umstellen, fehlende Größen berechnen*

$a = \frac{A}{h}$; $h = \frac{A}{a}$; fehlende Größen von links nach rechts:
$h = 6$ cm; $h = 3{,}2$ dm; $a = 1{,}5$ cm; $a = 16$ mm

48 **2** *Formeln aus der Geometrie umstellen, Verwendungszweck angeben*

a) Flächeninhalt des Rechtecks mit den Seitenlängen a und b; $a = \frac{A}{b}$

b) Umfang des Quadrats oder der Raute mit Seitenlänge a; $a = \frac{u}{4}$

c) Winkelsumme im Dreieck ABC; $\alpha = 180° - \beta - \gamma$

d) Umfang eines Rechtecks mit den Seitenlängen a und b; $a = \frac{1}{2}u - b$

3 *Formel zur Volumenberechnung eines Quaders umstellen*

a) Allgemein gilt für einen Quader: $V = G \cdot h$, hier ist die Grundfläche $G = a^2$, also $V = a^2 \cdot h$.

b) $h = \frac{V}{a^2}$; $h = 12$ cm

4 *Umfangsformel im gleichschenkligen Dreieck umstellen*

a) Zeichenübung; zwei gleich lange Seiten, also $2a$; $u = 2a + c$

b) $a = \frac{u-c}{2}$; $c = u - 2a$

c) $2\alpha + \gamma = 180°$ (c ist die Basis des gleichschenkligen Dreiecks, daher gilt für die beiden Basiswinkel $\alpha = \beta$).

49 Weiterführende Aufgaben

5 *Umfangsformel eines Rechtecks umstellen; fehlende Größen berechnen*

$b = \frac{u}{2} - a$; $a = \frac{u}{2} - b$

a) $b = 3{,}5$ cm **b)** $b = 2{,}75$ cm **c)** $b = 13$ cm
d) $a = 115$ cm **e)** $b = 8$ m **f)** $a = 90$ cm

6 *Richtigkeit einer Flächeninhaltsformel begründen; Umformungsschritte prüfen*

a) Flächeninhalt des großen Rechtecks $(a + 3) \cdot b$ minus 9 cm² Flächeninhalt (zwei „abgetrennte" Dreiecke, die zusammen ein Quadrat ergeben)

b) Kais letzte Umformung ist nicht korrekt ($|+9$ $|:b$ $|-3$ falsch ausgeführt).
Jannik und Eva lösen richtig auf (Jannik: $|+9$ $|:b$ $|-3$; Eva: ausmultipliziert, dann $|-3b$ $|+9$ $|:b$).
Natalie ist fehlerhaft in ihrer ersten und ihrer letzten Umformung ($|:b$ falsch ausgeführt; richtig subtrahiert; $|-6$ falsch ausgeführt statt richtig $|+6$).

7 *Formel für Durchschnittsgeschwindigkeit umstellen, Berechnungen anstellen*

a) $s = v \cdot t$; $t = \frac{s}{v}$

b) $s = v \cdot t = 50 \cdot 0{,}25$ km $= 12{,}5$ km

c) $t = \frac{s}{v} = \frac{4{,}5}{150}$ h $= 0{,}03$ h $= 1{,}8$ min

8 *mit der Beziehung U = R · I rechnen; zuvor umstellen*

a) $R = \frac{U}{I}$; $I = \frac{U}{R}$

b) Die Stromstärke I verdoppelt sich ebenfalls.

c) $I = \frac{P}{U} = \frac{1150\text{ W}}{230\text{ V}} = 5$ A (Ampere)

49 **9** *mit Temperaturskalen rechnen; zuvor umstellen*

a) $T_F = 40 \cdot 1{,}8 + 32 = 104$
Die Temperatur würde 104 °F betragen.

b) Umstellen der Formel ergibt: $T_C = \frac{T_F - 32}{1{,}8} = \frac{446 - 32}{1{,}8} = 230$
446 °F entsprechen 230 °C.

c) $T_C = T_K - 273{,}15 = 0 - 273{,}15 = -273{,}15$ 0 °K entsprechen $-273{,}15$ °C.

d) (1) $T_C = T_K - 273{,}15$; (2) $T_F = T_C \cdot 1{,}8 + 32$
Einsetzen von (1) in (2) ergibt die Formel: $T_F = (T_K - 273{,}15) \cdot 1{,}8 + 32$
$T_F = T_K \cdot 1{,}8 - 459{,}67$

e) Rechercheübung, individuell z.B. (Formeln für Umrechnungen in Grad Celsius)
$T_{Réaumur} = T_C \cdot 0{,}8$ $T_{Rankine} = T_C \cdot 1{,}8 + 491{,}67$ $T_{Rømer} = T_C \cdot \frac{21}{40} + 7{,}5$
$T_{Delisle} = (80 - T_{Ré}) \cdot 1{,}875$ $T_{Newton} = T_C \cdot 0{,}33$

50 Methode: Tabellenkalkulation mit dynamischer Formelsammlung

In dieser Lerneinheit werden die Schülerinnen und Schüler mit weiteren Möglichkeiten, die Tabellenkalkulationsprogramme bieten, vertraut gemacht: Häufiger vorkommende Berechnungen, wie z.B. bei der Anwendung von Formeln, können schneller durchgeführt werden. Als Einführung erstellen die Schülerinnen und Schüler in Aufgabe 10 ein Tabellenblatt mit den Formeln zur Prozentrechnung und berechnen damit die gesuchten Größen Grundwert, Prozentsatz und Prozentwert. In Aufgabe 11 werden Formeln zur Berechnung von Mehrwertsteuer, Brutto- und Nettopreisen implementiert und verwendet. In Aufgabe 12 wird eine dynamische Formelsammlung zur Berechnung von Größen eines Quaders erstellt. Hier sollen die Schüler ihr Vorgehen noch einmal reflektieren. Schließlich werden in Aufgabe 13 Formeln zur Berechnung von Reaktions-, Brems- und Anhalteweg implementiert.

10 *Formeln aus der Prozentrechnung implementieren; Berechnungen durchführen*

a) 120; 45%; 85

b) Der Grundwert G ist die Bezugsgröße, das Ganze. Er entspricht 100%.
Der Prozentwert W ist ein Teil der Gesamtmenge, also ein Teil des Grundwertes.
Der Prozentsatz p% gibt den Anteil am Grundwert in Prozentschreibweise an.
Er wird dem Grundwert zugeordnet.
Der Prozentwert W kann z.B. mit dem Dreisatz berechnet werden. Dort wird der Grundwert G (das Ganze, 100%) durch 100 geteilt, man erhält so den Wert, der einem Prozent entspricht. Multipliziert man nun mit dem Prozentsatz, so erhält man den Wert W, der p% entspricht.
Also: $W = \frac{G}{100} \cdot p = G\frac{p}{100}$

c)

G6	=(G4/G5)*100

K6	=(K5/K4)*100

Die in C6 eingetragene Formel zur Berechnung des Prozentwertes W muss einmal nach G und einmal nach p umgestellt werden und dann in die Felder G6 und K6 eingetragen werden.

d) fehlende Größen von oben nach unten: $W = 48$ €; $p\% = 8\%$; $G = 360$ €

50 **11** *Formeln zur Berechnung von Mehrwertsteuer, Brutto- und Nettopreisen implementieren*

a) 1450 € · 0,19 = 275,50 €
b) =B2*19/100
c) =B2+B3 oder =B2*119/100
d) Nur ① trifft zu, weil vom Bruttopreis ausgegangen wird, 119 %.

51 **12** *Formeln zur Berechnung von Größen eines Quaders implementieren; Vorgehen reflektieren*

a) In drei Blöcken sind gegebene Größen einzutragen, aus denen dann jeweils zwei Größen mit Hilfe eingegebener Formeln berechnet werden können.
1. Aus den gegebenen Größen Länge, Breite und Höhe wird das Volumen sowie der Oberflächeninhalt berechnet.
2. Aus Volumen, Länge und Breite wird die Höhe und der Oberflächeninhalt berechnet.
3. Aus Oberflächeninhalt, Länge und Breite wird die Höhe und das Volumen berechnet.

b) =G7/(G8*G9)

c)

C11	=C7*C8*C9
C12	=2*(C7*C8+C7*C9+C8*C9)
G12	=2*(G8*G9+G8*G11+G9*G11)
C19	=(C15/2−C16*C17)/(C16+C17)
C20	=C16*C17*C19

d) individuell verschieden

13 *Formeln zur Berechnung von Reaktions-, Brems- und Anhalteweg implementieren*

a)

B3	=(A3/10)*3
C3	=A3*A3/100 oder =A3^2/100
D3	=B3+C3

b) Die Formeln in der Spalte B ergeben sich, indem man die Geschwindigkeiten *v* aus
Spalte A durch 2 dividiert.

B3	=A3/2

c)

C3	=(A3*A3/100)*0,4 oder = A3*A3/250

52 Geschwindigkeiten im Sonnensystem

Für alle Aufgaben wird die Geschwindigkeitsformel (Seite 49, Aufgabe 7) benötigt. Die Aufgaben sollten mit dem Taschenrechner bearbeitet werden. Dabei sollte mit den Schülerinnen und Schülern die Eingabe bzw. das Ablesen großer Zahlen in den Taschenrechner geübt werden. Aufgrund der verschiedenen Taschenrechnermodelle kann im Buch leider nicht auf die genaue Taschenrechnereingabe eingegangen werden.

1 *Sachaufgabe: Zeiten für Erdumrundung berechnen*

a) ca. 2667 Tage **b)** 50 Tage **c)** ca. 4,65 Tage

52 **2** *Sachaufgabe: Berechnungen mit der Lichtgeschwindigkeit*

a) Die Entfernung zwischen Mond und Erde schwankt zwischen 407 700 km und 356 400 km, die mittlere Entfernung beträgt 384 405 km.
Für die letzte Entfernung benötigt ein Lichtstrahl ungefähr 1,28 s.
b) Im Mittel ist die Sonne 149 600 000 km von der Erde entfernt. Ihr Licht ist also ungefähr 500 s bis zur Erde unterwegs. Das sind etwa 8 min 20 s.
c) 18 Mio. km pro min; 1,08 Mrd. km pro h; 25,92 Mrd. km pro Tag; 777,6 Mrd. km pro Monat (30 Tage); 9,4608 Bio. km pro Jahr (365 Tage)

3 *Sachaufgabe: Geschwindigkeit der Erde um die Sonne berechnen*

a) Rechercheauftrag zum Aufbau des Sonnensystems
b) 365 Tage = 8760 h; ein Jahr sind 365 Tage plus 6 h (Schaltjahr).
940 126 643 km : 8766 h ≈ 107 247 $\frac{km}{h}$

4 *Sachaufgabe: Bewegungen auf dem Äquator*

a) z.B.: Ndjole (Gabun); Kisumo (Kenia); Uaupés (Brasilien)
b) Rotationsgeschwindigkeit ca. 1667 $\frac{km}{h}$
c) 500 h

5 *Sachaufgabe: Umlaufzeit des Pluto um die Sonne berechnen*

Er benötigt 2 169 852 h, das sind 90 410,5 Tage, das sind 247,7 Jahre.

6 *Sachaufgabe: Geschwindigkeit des Mondes vergleichen*

27,3 Tage sind 656 h, also ist der Mond auf seiner Umlaufbahn um die Erde ungefähr 3667,5 $\frac{km}{h}$ schnell und damit ungefähr 6,4-mal so schnell wie der TGV, aber ungefähr 294 477-mal langsamer als das Licht.

7 *Sachaufgabe: „Flugzeit" zu nächster Galaxie (mit Lichtgeschwindigkeit) berechnen*

Die Lichtgeschwindigkeit beträgt 1,08 Mrd. km pro h (siehe Aufgabe 2 c).
(2 · 1019) : (1,08 · 109) ≈ 1,85 · 1010, das sind ungefähr 18,5 Mrd. h.
Ein Jahr hat ungefähr 8760 h.
Das Raumschiff würde also ungefähr 2 111 872 Jahre benötigen.

53 Lineare Funktionen erkennen und darstellen

Erforschen und Entdecken

1 *Bewegungen in Wertetabellen und im Koordinatensystem darstellen*

a)

Fahrtzeit (in h)	0,5	1	1,25	2
gefahrene Strecke (in km) bei einer Geschwindigkeit von 20 $\frac{km}{h}$	10	20	25	40
gefahrene Strecke (in km) bei einer Geschwindigkeit von 30 $\frac{km}{h}$	15	30	37,5	60

b) und **c)**

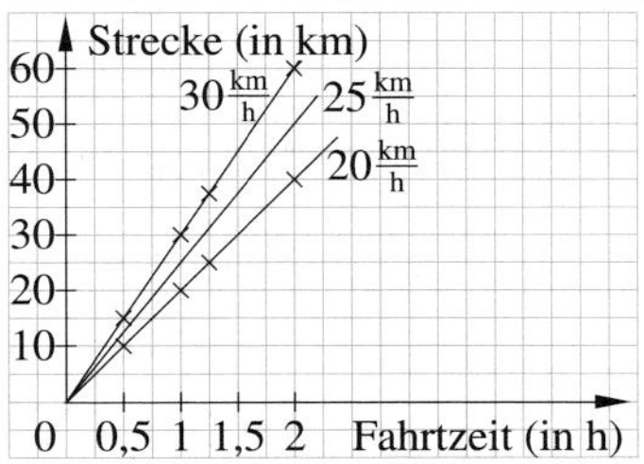

Die Punkte dürfen miteinander verbunden werden, weil die Fahrer sich kontinuierlich fortbewegen.
Die mittlere Gruppe würde ungefähr mit einer Geschwindigkeit von ca. 25 $\frac{km}{h}$ fahren.
Das Schaubild ist eine Gerade, die zwischen den beiden anderen Geraden verläuft.

2 *Graphen den passenden Füllgefäßen zuordnen*

a) In beiden Vasen steigt das Wasser gleichmäßig an.

b) Graph I gehört zur roten, Graph II zur blauen Vase. Die rote Vase hat eine kleinere Grundfläche als die blaue. Deshalb steigt in der roten Vase bei gleichem Wasserzufluss der Wasserstand schneller als in der blauen Vase.

c) Die Linien beginnen auf der y-Achse bei 10; Zeichenübung

d) und **e)** individuell verschiedene Ergebnisse

3 *Veränderungen von m und n bei Graphen linearer Funktionen mit Hilfe einer DGS erkunden*

z.B.:

a) Wenn man die Steigung m des Graphen vergrößert, steigt der Graph steiler an.
Wenn man die Steigung des Graphen verkleinert (auf einen Wert > 0), nimmt die Steigung ab. Der Graph steigt jedoch weiterhin an.
Setzt man die Steigung auf Null, so verläuft der Graph parallel zur x-Achse.
Wenn man die Steigung des Graphen auf einen Wert < 0 verkleinert, erhält man einen fallenden Graphen.
Durch Veränderung des y-Achsenabschnitts n wird der Graph parallel zum alten Graphen nach oben oder unten verschoben, so dass er die y-Achse bei dem eingestellten n-Wert schneidet.

b) Untersuchung der Geraden mit der Gleichung $y = mx - 1$: Die Geraden zeigen das in a) beschriebene Verhalten.

53 3 (Fortsetzung)

c) n wird als y-Achsenabschnitt bezeichnet, weil die Gerade die y-Achse bei n schneidet und dadurch ein Abschnitt der Länge n zwischen dem Nullpunkt und der Geraden auf der y-Achse entsteht.

d) $m = 2;\ n = -2$

55 Basisaufgaben

1 *Wertepaare in ein Koordinatensystem einzeichnen; Graph zeichnen*

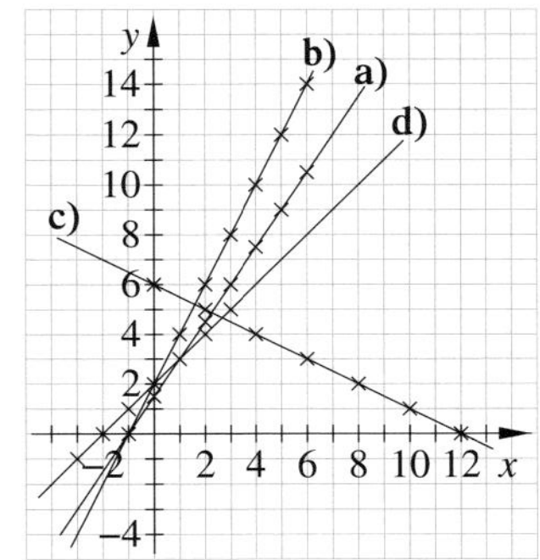

2 *Wertetabellen anlegen, Graphen zeichnen, Steigung m und y-Achsenabschnitt n angeben*

Die Graphen werden im „Vier-Quadranten-Koordinatensystem" gezeichnet.

	x	−3	−2	−1	0	1	2	3
a)	y	−7	−4	−1	2	5	8	11
b)	y	−5	−3	−1	1	3	5	7
c)	y	−4	−2,5	−1	0,5	2	3,5	5
d)	y	5	4	3	2	1	0	−1
e)	y	−0,5	0	0,5	1	1,5	2	2,5
f)	y	6,5	4	1,5	−1	−3,5	−6	−8,5

m	n
3	2
2	1
1,5	0,5
−1	2
0,5	1
−2,5	−1

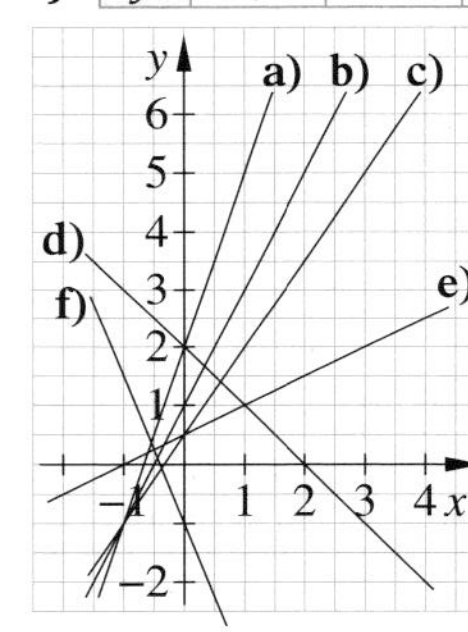

55 **3** *zu gegebenem m und n Gleichung aufstellen, Wertetabelle anlegen und Graph zeichnen*

Die Graphen werden im „Vier-Quadranten-Koordinatensystem“ gezeichnet.

		x	−3	−2	−1	0	1	2	3
a)	$y = 2x + 3$	y	−3	−1	1	3	5	7	9
b)	$y = -3x + 5$	y	14	11	8	5	2	−1	−4
c)	$y = 3x + 0{,}5$	y	−8,5	−5,5	−2,5	0,5	3,5	6,5	9,5
d)	$y = -5x + 2{,}2$	y	17,2	12,2	7,2	2,2	−2,8	−7,8	−12,8
e)	$y = 4x - 2$	y	−14	−10	−6	−2	2	6	10
f)	$y = 0{,}5x - 2$	y	−3,5	−3	−2,5	−2	−1,5	−1	−0,5

Zeichenübung im Koordinatensystem

4 *Wertetabelle einer linearen Funktion ergänzen, Graph zeichnen, Funktionsgleichung zuordnen*

a)

x	0	1	2	3	4	5	6	7
y	0,5	2	3,5	5	6,5	8	9,5	11

b) Zeichenübung im Koordinatensystem

c) ③ Bei $x = 0$ ist $n = 0{,}5$; bei $x = 1$ ist $m = y - n = 1{,}5$.

5 *Funktionswerte für vorgegebene x-Werte berechnen*

	x	−3	0	2	13
a)	y	−4,5	4,5	10,5	43,5
b)	y	−4	2	6	28
c)	y	−15	−3	5	49
d)	y	−28,8	−4,2	12,2	102,4

6 *m und n aus dem Funktionsgraphen ablesen; Funktionsgleichung aufstellen*

a) $n = 2$; $m = 2$; $y = 2x + 2$ **b)** $n = 2$; $m = 0{,}5$; $y = 0{,}5x + 2$

7 *zeichnerisch prüfen, ob Punkte zu einer linearen Funktion gehören; Gleichung angeben*

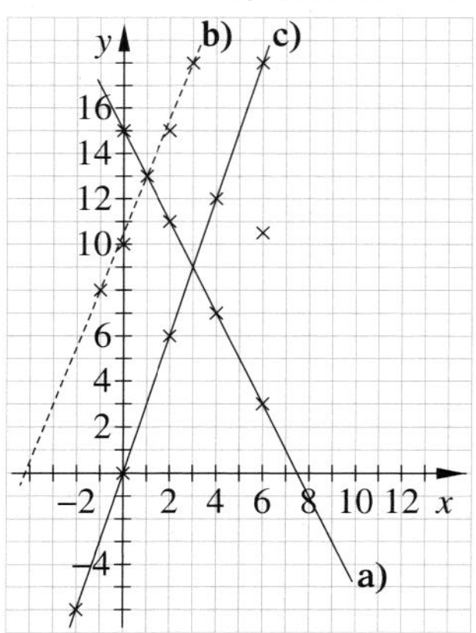

a) ja; $y = -2x + 15$

b) nein
(Die Punkte liegen nicht alle auf einer Geraden.)

c) ja; $y = 3x$

55 **8** *Sachaufgabe zum Tankinhalt: Wertetabelle ergänzen, Graph zeichnen, Gleichung angeben*

a) fehlende Werte von links nach rechts: 43; 39; 35

b) Zeichenübung im Koordinatensystem: Gerade durch (0 | 55) und (250 | 35)

c) $f(x) = -\frac{4}{50}x + 55$

9 *Sachaufgabe zum Leasingzahlungen: Wertetabelle erstellen, Graph zeichnen, Gleichung angeben*

a) Nach einem Monat hat sie 5000 € + 250 € = 5250 € bezahlt. Nach zwei Monaten 5500 €, nach drei Monaten 5750 € usw.

b)

Monate (x)	0	1	2	3	4	5	6	12
gezahlte Summe in € (y)	5000	5250	5500	5750	6000	6250	6500	8000

Zeichenübung im Diagramm

c) $f(x) = 250x + 5000$ (x steht für die Anzahl der Monate.)

d) 3 Jahre = 36 Monate; $f(36) = 9000 + 5000 = 14000$
Sie hat bis dahin 14000 € bezahlt.

10 *(lineare) Funktionen anhand der Graphen erkennen*

Alle Graphen bis auf den dritten gehören zu Funktionen, da jedem x-Wert genau ein y-Wert zugeordnet wird. (Beim dritten Graphen werden z.B. −1 zwei y-Werte zugeordnet.) Erster und letzter Graph gehören zu linearen Funktionen, da ihre Graphen Geraden sind.

56 Weiterführende Aufgaben

11 *lineare Funktionen in allen Darstellungsformen präsentieren*

Sachverhalt	Funktionsgleichung	Wertetabelle					Graph
Kontoführung	$y = 0{,}5x + 2{,}5$	x	3	6	9	12	Gerade durch (0 | 2,5) und (9 | 7)
		y	**4**	**5,5**	**7**	**8,5**	
Taxifahrt	$\boldsymbol{y = 1{,}5x + 2{,}2}$	x	0	5	10	15	Gerade durch (0 | 2,2) und (10 | 17,2)
		y	2,2	9,7	17,2	24,7	
Federpendel	$y = 2x$	x	**0**	**2**	**4**	**10**	Gerade durch (0 | 0) und (10 | 20)
		y	**0**	**4**	**8**	**20**	
Kerze	$\boldsymbol{y = -1{,}5x + 8}$	x	**0**	**2**	**4**		Gerade durch (0 | 8) und (4 | 2)
		y	**8**	**5**	**2**		

12 *anhand von Wertetabellen prüfen, ob eine Funktion linear ist; ggfs. Funktionsgleichung angeben*

a) Die Funktion ist nicht linear, denn die Punkte liegen nicht auf einer Geraden. Mehrere x-Werte (−3; −1; 1) haben den gleichen y-Wert (5). Dazwischen fällt und steigt der Graph abwechselnd.

b) Die Funktion ist nicht linear, denn die Punkte liegen nicht auf einer Geraden. Eine Gerade durch die ersten beiden Punkte (0 | 2) und (1 | 3) verläuft unterhalb des dritten Punktes (2 | 5) usw.

c) Die Funktion ist linear, da die Punkte alle auf einer Geraden liegen ($y = \frac{1}{5}x$)

56 **13** *Graph aufgrund gegebener Funktionsgleichung zeichnen (ohne Wertetabelle)*

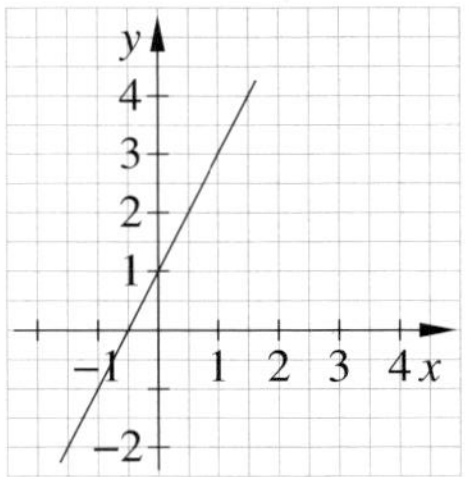

14 *Sachverhalten die passende Gleichung zuordnen; begründen*

a) ② Für $x = 0$, also zu Beginn der Betrachtung, ist $y = 12$, denn das Haar ist 12 cm lang.

b) ① Für $x = 0$, also gleich zu Beginn, muss man 360 € zahlen, ohne einen Kilometer gefahren zu sein. Danach kommt für jeden Kilometer (also für jede Steigerung des x-Wertes um 1) 0,55 € dazu (nicht 55 €).

15 *Sachaufgabe zur Ladung eines Betonmischers: Graph zeichnen, Funktionsgleichung angeben*

a) Die y-Werte wachsen gleichmäßig (oder mit b): der Graph ist eine Gerade).

b) Zeichenübung im Koordinatensystem, sinnvoll ist ein Diagramm im I. Quadranten.

c) Für $x = 0$ ist $y = 10{,}6$, also wiegt er 10,6 t. (Das entspricht dem y-Achsenabschnitt n.)

d) $y = 2{,}4x + 10{,}6$

16 *Sachaufgabe zu Zuschauern im Stadion: Funktionsgleichung angeben; Funktionswert berechnen*

a) $y = 56\,000 - 4 \cdot 220x = -880x + 56\,000$

b) $f(25) = 34\,000$

Nachgedacht

Es muss vernachlässigt werden, dass es meist keine Zwischenwerte gibt.

57 **17** *Sachaufgabe zu Taxikosten: Funktionsgleichung angeben; Graphen zeichnen; vergleichen*

a) Taxi Weber $y = 1{,}4x$ Taxi Reni $y = 1{,}3x + 2{,}5$

b)

	x (in km)	0	5	10	15	20	25	30
Weber	y (in km)	0	7	14	21	28	35	42
Reni	y (in km)	2,5	9	15,5	22	28,5	35	41,5

c) Zeichenübung im Koordinatensystem

d) Taxi Weber ist allgemein günstiger, weil Fahrstrecken bis 25 km die Regel sind. Erst nach 25 km ist Taxi Reni günstiger.

e) bei 25 km

18 *Sachaufgabe zum Wasserstand: Wertetabelle anlegen; Graph zeichnen; Gleichung angeben*

a)

x	0	1	2	3	4	5	6	7	8	9	10
y	2,5	2,35	2,2	2,05	1,9	1,75	1,6	1,45	1,3	1,15	1

57 **18** (Fortsetzung)

b) Zeichenübung im Diagramm

c) Die Funktion ist linear, weil der Graph eine Gerade ist (oder: ..., weil die y-Werte gleichmäßig kleiner werden).

d) Steigung $m = -0{,}15$; y-Achsenabschnitt $n = 2{,}5$; $y = -0{,}15x + 2{,}5$

19 *Sachaufgabe zu Wasserabfluss: Wertetabelle anlegen; Funktionsgleichung aufstellen*

a)

Zeit t (in min)	0	1	2	4	6	12
restliche Wassermenge w (in l)	150	138	126	102	78	6

b) $w = 150 - 12 \cdot t$

c) $90 = 150 - 12 \cdot t$ $t = 5$ Nach 5 Minuten sind noch 90 Liter in der Wanne.

d) $0 = 150 - 12 \cdot t$ $t = 12{,}5$ Es dauert 12,5 Minuten, bis die Wanne leer ist.

20 *Zusammenhang lineare Funktionen – proportionale Zuordnungen reflektieren*

a) $y = 3x$ *(Denn wenn ein Graph durch den Ursprung verläuft, ist n = 0. Die Steigung muss dieselbe sein wie in der Ausgangsgleichung.)*

b) Das stimmt. Der Graph einer linearen Funktion, die durch den Ursprung verläuft, ist gleichzeitig Graph einer proportionalen Zuordnung.

21 *Sachaufgabe zur Brenndauer von Kerzen: Gleichungen anhand von Funktionsgraphen bestimmen*

a) Kerze A 6 h; Kerze B 7,5 h

b) Beide Kerzen haben jeweils durchgängig die gleiche Querschnittsfläche, zum Beispiel eine Zylinder– oder Quaderform.

c) Kerze A $y = -2{,}5x + 15$; Kerze B $y = -2x + 15$

d) Gleichung ③ Eine Gerade durch den Punkt $(0\,|\,18)$ und $(20\,|\,0)$ hat die Steigung $m = \frac{18}{20} = 0{,}9$ und den y-Achsenabschnitt $n = 18$.

22 *Zusammenhang Zuordnung – Funktion – lineare Funktion erklären*

Antworten individuell verschieden, z.B.:
Jede Funktion ist auch eine Zuordnung.
Jede lineare Funktion ist auch eine Funktion, somit auch eine Zuordnung.
Eine Funktion muss nicht linear sein, z.B. wenn ihr Graph keine Gerade ist.
Eine Zuordnung muss keine Funktion sein, z.B. wenn einem x-Wert mehrere y-Werte zugeordnet sind.
Somit muss eine Zuordnung auch keine lineare Funktion sein.

23 *für gegebene Punkte eine Gerade mit positiver Steigung finden; Steigung angeben*

Die Gerade durch die Punkte $C(2\,|\,-1)$ und $A(3\,|\,1)$ hat die Steigung $\frac{1-(-1)}{3-2} = \frac{2}{1} = 2$.

(Am besten über eine Zeichnung lösbar.)

24 *Funktionsgleichung aus Punkt und Steigung bestimmen*

a) $y = 2x - 2$ **b)** $y = -0{,}5x + 5{,}5$

59 **25** *Bezüge zwischen einer Funktionsgleichung und der Realsituation (Vasenform) herstellen*

a) Das Wasser steigt in einer Stunde um 2 cm.

b) Ja, der Wasserstand beträgt 10 cm, denn $f(0) = 10 + 2 \cdot 0 = 10$.

c) Das Gefäß kann die Form eines Quader oder Zylinders haben. Sicher hat das Gefäß nicht die Form einer Kugel, einer Pyramide, eines Kegels o.ä.

d) Der Faktor vor dem x, also die Steigung m, würde sich vergrößern, weil der Wasserstand in einem schlankeren Gefäß schneller steigt.

26 *Sachaufgabe zum Thema „Alkoholgehalt im Blut"*

a) $3 \cdot 8\text{ g} = 24\text{ g}$ Nach drei Bier hat der Mann ca. 24 g Alkohol im Blut.
$90 \cdot 0{,}1 = 9$ Pro Stunde sind bei 90 kg Gewicht etwa 9 g abbaubar.

b) $y = 24 - 9x$

c) $0 = 24 - 9x$; $x = 2\frac{2}{3}$; $\frac{2}{3}\text{ h} = 40\text{ min}$
Es dauert ca. 2 h 40 min, bis der Alkohol vollständig abgebaut ist.

d) Körperflüssigkeit: $90\text{ kg} \cdot 0{,}7 = 63\text{ kg}$; Promillewert: $24 : 63 \approx 0{,}38$
Der Mann hätte nach 3 Gläsern Bier einen Promillewert von ca. 0,38.

e) a steht für den Alkoholgehalt; $0{,}3 = a : 63$; $a = 18{,}9$
Mit 18,9 g Alkohol erreicht er rechnerisch einen Promillewert von 0,3. Um darunter zu bleiben, müsste er weniger als 18,9 g Alkohol zu sich nehmen.

f) Körperflüssigkeit: $60\text{ kg} \cdot 0{,}6 = 36\text{ kg}$ Promillewert: $24 : 26 \approx 0{,}67$
Eine 60 kg schwere Frau hätte nach drei Gläsern Bier einen Promillewert von ca. 0,67.

g) Die obere Gerade gehört zur Frau. Bei ihr dauert es mit ca. 4,5 h fast zwei Stunden länger als beim Mann (2 h 40), bis der Restalkohol vollständig abgebaut wurde.

27 *Sachaufgabe zur Bestimmung der Länge eines Kabels aufgrund der Masse*

a) Sie setzt voraus, dass Länge und Masse proportional zueinander sind und dass das Gewicht der Anschlussstecker immer gleich ist (unabhängig von der Kabellänge).

b) Die Steigung steht für die Masse pro Längeneinheit (also z.B. Masse pro Zentimeter Länge). Der y-Achsenabschnitt steht für die Masse der beiden Anschlussstecker.

c) individuelle Versuchsergebnisse

60 Vermischte Übungen

1 *Gleichungen durch Einsetzen gegebener Werte lösen*

a) $x = 3$ **b)** $y = 0$ **c)** $a = -2$ **d)** $b = -3$

2 *Gleichungen lösen*

a) $x = 9$ **b)** $x = -17$ **c)** $y = 4$ **d)** $x = 7$ **e)** $x = -0{,}25 = -\frac{1}{4}$
f) $a = -0{,}7$ **g)** $x = 3$ **h)** $s = 5$ **i)** $y = 8$ **j)** $b = \frac{1}{3}$

3 *Gleichungen lösen, vorher zusammenfassen*

a) $x = 12$ **b)** $x = -2{,}5$ **c)** $x = 0{,}75$ **d)** $x = 15$ **e)** $x = \frac{7}{5} = 1{,}4$
f) $y = -2$ **g)** $y = 0{,}5$ **h)** $y = 0$ **i)** $y = -7$ **j)** $y = 2{,}2$

60 **4** *Gleichung zu Sachaufgabe aufstellen und lösen*

$45 = x + x + 3$; $45 = 2x + 3$; $x = 21$ Markus erhält 24 €, Alina erhält 21 €.

5 *Gleichungen und lösen; vorher Klammern auflösen*

a) $b = -19$ **b)** $b = 7$ **c)** $b = 9$ **d)** $b = 4$ **e)** $b = 0$
f) $z = -5$ **g)** $z = 3{,}6$ **h)** $z = 0{,}6$ **i)** $z = -\frac{5}{8}$

6 *Altersrätsel lösen*

u: Alter von Ulla ; $u + 4$: Alter von Hannah
Hannas Alter in 6 Jahren: $(u + 4) + 6 = u + 10$; Ullas Alter in 6 Jahren: $u + 6$
Alter der beiden Schwestern zusammen in 6 Jahren: $(u + 10) + (u + 6) = 2u + 16$
$2u + 16 = 104$; $u = 44$
Ulla ist 44 Jahre alt, Hannah ist 48 Jahre alt.

7 *Altersrätsel lösen*

g: Alter des Großvaters; $g - 50$: Alter des Enkels; $0{,}5g$: Alter des Sohnes
$g + (g - 50) + 0{,}5g = 100$; $2{,}5g - 50 = 100$; $g = 60$
Der Großvater ist 60 Jahre alt, der Enkel 10 Jahre und der Sohn 30 Jahre alt.

8 *Zahlenrätsel (Längen von Kabeln) lösen*

k: erstes Kabelstück; $3k$: zweites Kabelstück; $k - 0{,}5$: drittes Kabelstück
$k + 3k + (k - 0{,}5) = 12$; $5k - 0{,}5 = 12$; $k = 2{,}5$
Das erste Kabelstück ist 2,5 m lang, das zweite 7,5 m, das dritte 2 m lang.

9 *Gleichungen nach einer Variable umstellen*

a) $a = u - b - c$ **b)** $a = y - x$ **c)** $a = \frac{12}{b}$ **d)** $a = 8 - 2b$ **e)** $a = \frac{1}{3}x$
f) $a = 9 - 2b$ **g)** $a = 19 + 4x$ **h)** $a = 1{,}5b$ **i)** $a = 4 - 0{,}5x$ **j)** $a = 5y + 2$

10 *Zahlenrätsel (Höhe einer Erbschaft) lösen*

e: Erbschaft; $\frac{1}{2}e$: Pias Anteil; $\frac{1}{3}e$: Melinas Anteil
$e = \frac{1}{2}e + \frac{1}{3}e + 2500$; $\frac{6}{6}e - \frac{3}{6}e - \frac{2}{6}e = 2500$; $\frac{1}{6}e = 2500$; $e = 15\,000$
Pia erhält 7500 €, Melina erhält 5000 €.

11 *Sachaufgabe (Größe eines zu haltenden Abstands) lösen*

a) $s = 25\text{ m}$ **b)** $s = 35\text{ m}$ **c)** $v = 130\,\frac{\text{km}}{\text{h}}$ **d)** $v = 125\,\frac{\text{km}}{\text{h}}$

12 *Lösungen von Gleichungen mit Hilfe einer Probe prüfen*

a) richtig **b)** richtig **c)** $x = 3{,}14$ **d)** $x = 3{,}2$ **e)** $x = 18{,}4$ **f)** richtig

61 **13** *Formel für Winkelsumme umstellen; fehlende Größe berechnen*

$\alpha + \beta + \gamma = 180°$
a) 85° **b)** 85° **c)** 46° **d)** 75,8° **e)** 102° **f)** 61,5°

61 **14** *Gleichungen die passenden Lösungen zuordnen*

a) E 3 **b)** Q −2 **c)** U 4 **d)** A 24
e) T 8 **f)** I −6 **g)** O 30 **h)** N −12
Lösungswort: EQUATION

15 *komplexere Gleichung lösen*

$x = 3{,}5$

16 *Sachaufgabe zu rechteckigem Grundriss: Gleichung aufstellen und lösen*

b: kürzere Seite; $3b$: Längsseite
$2(b + 3b) = 176;\ b = 22$
Die kürzere Seite ist 22 m lang, die Längsseite ist 66 m lang.

17 *Sachaufgabe zu Buchpreisen: Gleichung aufstellen und lösen*

r: Preis des Reiseführers; $r - 2$: Preis des Romans; $r + 5$: Preis des Wörterbuchs
$r + (r-2) + (r+5) = 30;\ 3r + 3 = 30;\ r = 9$
Der Reiseführer kostet 9 €, der Roman kostet 7 €, das Wörterbuch kostet 14 €.

18 *Sachaufgabe zu Urlaubsgeld: Gleichung aufstellen und lösen*

t: Anzahl der geplanten Urlaubstage
Das gesparte Geld reicht für $(t + 9)$ Tage, wenn sie täglich 12 € ausgibt: $(t + 9) \cdot 12$
Das gesparte Geld reicht für $(t - 1)$ Tage, wenn sie täglich 17 € ausgibt: $(t - 1) \cdot 17$
$(t+9) \cdot 12 = (t-1) \cdot 17;\ 125 = 5t;\ t = 25$ Die Reise sollte 25 Tage dauern.
$(t+9) \cdot 12 = (25+9) \cdot 12 = 408$ Sie hat 408 € gespart.

19 *Sachaufgabe zum Benzinverbrauch von Autos: mit gegebener Gleichung arbeiten*

a) ca. 6,43 l
b) 1000 l − 480 l = 520 l
c) PC-Übung

20 *Sachaufgabe zu Rechteckgrößen: Gleichung aufstellen und lösen (Klammern auflösen)*

12 cm und b: Seiten des ursprünglichen Rechtecks
(12 cm − 4 cm) und (b − 4 cm): Seiten des neuen Rechtecks
Flächeninhalt des ursprünglichen Rechtecks: $12b$
Flächeninhalt des neuen Rechtecks: $8(b - 4)$

a) $12b - 66 = 8(b-4);\ b = 8{,}5;\ 12b = 12 \cdot 8{,}5 = 102$
Die Seitenlänge b des ursprünglichen Rechtecks beträgt 8,5 cm.
Sein Flächeninhalt beträgt 102 cm².

b) $u = 2(8 + (b-4)) = 2(8 + 4{,}5) = 25$
Der Umfang des neuen Rechtecks beträgt 25 cm.

61 **21** *Sachaufgabe zu Rechteckgrößen: Gleichung aufstellen und lösen (Klammern auflösen)*

Der Umfang von Rechteck 1 beträgt 60 dm: $2(a + b) = 60;\ b = 30 - a$
a und $(30 - a)$: Seiten von Rechteck 1; $(a - 2)$ und $(30 - a + 1{,}5)$: Seiten von Rechteck 2
Beide Rechtecke haben den gleichen Flächeninhalt:

$$a(30 - a) = (a-2)(31{,}5 - a);$$
$$30a - a^2 = 31{,}5a - a^2 - 63 + 2a$$
$$30a = 33{,}5a - 63$$
$$63 = 3{,}5a$$
$$18 = a$$

Seitenlängen von Rechteck 1: 18 und $(30 - 18) = 12$
Seitenlängen von Rechteck 2: $(18 - 2) = 16$ und $(31{,}5 - 18) = 13{,}5$
Das erste Rechteck hat die Seitenlängen 18 dm und 12 dm.
Das zweite Rechteck hat die Seitenlängen 16 dm und 13,5 dm.

22 *Klammern auflösen und Gleichungen lösen*

a) $t = -11$ **b)** $x = 2$ **c)** $r = 15$ **d)** $a = \frac{7}{8}$ **e)** $x = -\frac{8}{7}$

23 *Gleichungen mit Hilfe der binomischen Formeln lösen*

a) $x = -4$ **b)** $x = 8$ **c)** $a = -3$ **d)** $x_1 = 7;\ x_2 = -7$
e) $x = 4$ **f)** $y = -\frac{1}{3}$ **g)** $y = -\frac{5}{3}$ **h)** $a = \frac{2}{3}$

62 **24** *Gleichungen mit Hilfe der binomischen Formeln lösen*

a) $b = 17$ **b)** $x = 3$ **c)** $p = 0$ **d)** $p = 0{,}25$ **e)** $a = -2$ **f)** $x = -2$
g) $p = 1$ **h)** $p = 8$ **i)** $y = -0{,}5$ **j)** $x = 3$ **k)** $x = 17$

25 *Sachaufgabe: Benzinpreise und Tankfüllungen mit Hilfe von Gleichungen berechnen*

s: Menge an Superbenzin

a) $60 - s$: Menge an Normalbenzin
$s \cdot 1{,}32 + (60 - s) \cdot 1{,}29 = 78{,}15$
$0{,}03s = 0{,}75;\ s = 25$
Herr Nitsche hat 25 Liter Superbenzin und 35 Liter (60 l − 25 l) Normalbenzin getankt.

b) $50 - s$: Menge an Normalbenzin
$s \cdot 1{,}32 + (50 - s) \cdot 1{,}29 = 64{,}86$
$0{,}03s = 0{,}36;\ s = 12$
Frau Klar hat 12 Liter Superbenzin und 38 Liter (50 l − 12 l) Normalbenzin getankt.

26 *Sachaufgabe: Treffpunkt zweier Fahrer und Fahrtstrecke berechnen*

t: Anzahl der Stunden nach 9 Uhr
Fahrtstrecke des Motorradfahrers: $60(t + 0{,}5)$
Fahrtstrecke des Motorradfahrers: $75t$
Treffpunkt der beiden: $60(t + 0{,}5) = 75t;\ t = 2$
zurückgelegte km: $75 \cdot 2 = 150$
Der Pkw holt das Motorrad um 11 Uhr nach 150 km Fahrtstrecke ein.

62 **27** *Sachaufgabe: Treffpunkt zweier Radfahrerinnen und Fahrtstrecke berechnen*

t: Anzahl der Stunden nach 14:15 Uhr
Fahrtstrecke von Daniela: $16\,(t + 0{,}25)$
Fahrtstrecke von Melanie: $24\,t$
Treffpunkt der beiden: $16\,(t + 0{,}25) = 44 - 24\,t$; $t = 1$

a) Die beiden treffen sich um 15:15 Uhr.
b) Daniela ist 20 km, Melanie 24 km von zu Hause entfernt.
Also ist Melanie weiter gefahren.

28 *„Füllaufgabe" mit Hilfe einer Gleichung lösen*

m : Fülldauer in Minuten
Füllhöhe des ersten Beckens: $1{,}5\,m + 15$
Füllhöhe des zweiten Beckens: $0{,}8\,m + 20$

a) $1{,}5\,m + 15 = 0{,}8\,m + 20$; $m = 7\frac{1}{7}$
Nach etwa 7,14 min sind beide Becken gleich hoch gefüllt.
b) ca. 25,71 cm
c) Das zweite Becken hat die größere Grundfläche, weil das Wasser (bei gleicher Wasserzufuhr) langsamer steigt.

29 *anhand eines Graphen m, n, Funktionsgleichung und Wertetabelle angeben*

a) $m = \frac{2}{4} = 0{,}5$ und $n = -1$
b) $y = 0{,}5x - 1$
c)

x	−5	−4	−3	−2	−1	0	1	2	3	4	5
y	−3,5	−3	−2,5	−2	−1,5	−1	−0,5	0	0,5	1	1,5

30 *Sachaufgabe zu Leihgebühren: Funktionsgleichung angeben; zeichnen; Werte berechnen*

a) Bunto $f(x) = 0{,}5x + 32$; Corso $g(x) = x + 46$; Mondeus $h(x) = 1{,}5x + 62$
b) Zeichenübung;
Ein Tabellenkalkulationsprogramm bietet sich zur Darstellung an.

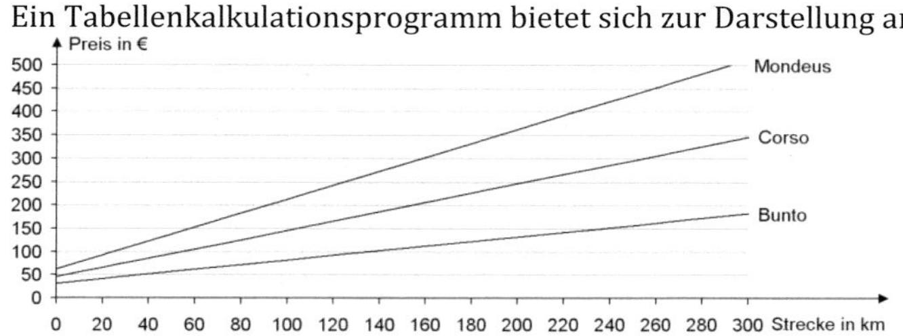

c) Bunto: $f(70) = 0{,}5 \cdot 70 + 32 = 67$ Für 70 km kostet der Bunto 67 €.
Mondeus: $h(70) = 1{,}5 \cdot 70 + 62 = 167$ Für 70 km kostet der Mondeus 167 €.
d) Corso: $81 = x + 46$; $x = 35$
Bunto: $81 = 0{,}5x + 32$; $x = 98$
Für 81 € kann man mit einem Corso 35 km und mit einem Bunto 98 km fahren.

62 **31** *Sachaufgabe zu Mietkosten: Funktionsgleichung angeben; Graphen zeichnen; vergleichen*

a) A: $f(x) = \frac{10}{25}x = 0{,}4x$; B: $g(x) = \frac{15}{100}x + 35 = 0{,}15x + 35$; C: $h(x) = 70$
b) Aus der Zeichnung ist ablesbar, welche Graphen jeweils unterhalb der anderen Graphen verlaufen, also das in jedem Intervall billigste Angebot bieten.
Bis ca. 140 km (abgelesen) ist A am günstigsten. Zwischen 141 und etwa 233 km ist das Angebot der Firma B am günstigsten. Ab 234 km ist Firma C am günstigsten.
c)

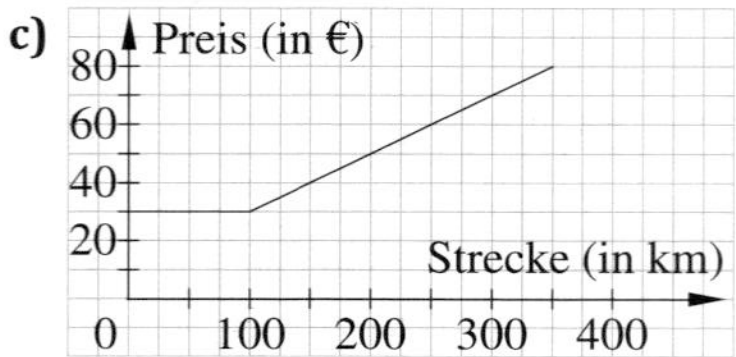

63 **32** *Sachaufgabe zu Kraftstoffverbrauch: Wertetabellen; Funktionsgleichungen, Werte berechnen*

a)

monatlich gefahrene Strecke (in km)	400	600	800	1000
Gesamtkosten Benzinmotor	**223,8**	**240,7**	**257,6**	**274,5**
Gesamtkosten Dieselmotor	**232,2**	**243,3**	**254,4**	**265,5**

b) Benzinmotor $f(x) = 0{,}0845x + 190$
Dieselmotor $f(x) = 0{,}0555x + 210$
c) Ein Tabellenkalkulationsprogramm bietet sich zur Darstellung an.

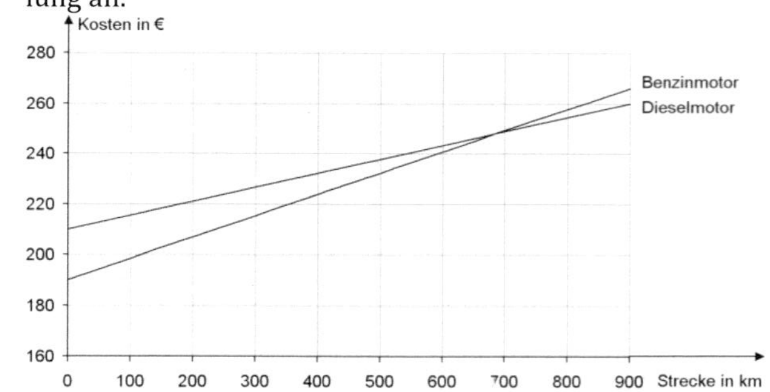

d) Bei 700 km ist der Dieselmotor geringfügig günstiger.
e) Ab ca. 690 km ist der Dieselmotor günstiger.
f) Die Strecke, ab der der Dieselmotor günstiger ist, verkürzt sich.

33 *Sachaufgabe zu Brenndauer von Kerzen: Funktionsgleichung aufstellen, Werte berechnen*

a) $f(x) = 80\text{ mm} - x \cdot 4\text{ mm}$
b) $0\text{ mm} = 80\text{ mm} - x \cdot 4\text{ mm}$; $x = 20$
Nach 20 min ist die Kerze abgebrannt.
c) 20 min : 2 = 10 min
Nach 10 min ist die Kerze halb so groß.
d) $30\text{ mm} = 80\text{ mm} - x \cdot 4\text{ mm}$
$x = 12{,}5$
Die Kerze hat 12,5 min gebrannt.
e)

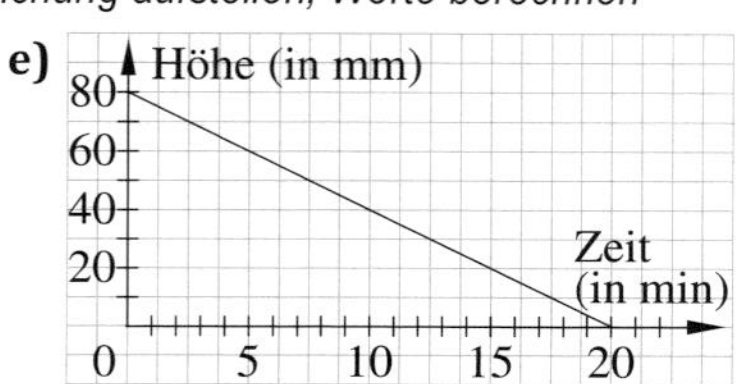

63 **34** *Sachaufgabe zu Besucherzahlen: Wertetabelle aufstellen, Prognosen stellen und bewerten*

a) Besucheranstieg in 6 Jahren: 26 950 − 25 600 = 1350
jährlicher Besucheranstieg: 1350 : 6 = 225.

Jahr	2001	2002	2003	2004	2005	2006
Besucher	24 475	24 700	24 925	25 150	25 375	25 600

b) Im Jahr 2012 waren es 26 950 Besucher.
Im Jahr 2016 ergibt das 26 950 + 4 · 225 = 27 850 Besucher.

c) individuelle Antworten, z. B.:
Ein fortwährender gleichmäßiger Anstieg der Besucherzahlen ist eher nicht realistisch, erfahrungsgemäß werden die Zahlen irgendwann stagnieren. Dies könnte zu einem allmählichen Zurückgehen des Anstiegs oder auch zu einem Rückgang der Besucherzahlen führen.

35 *Sachaufgabe zum Füllen eines Behälters: Volumen berechnen, zeichnen, Gleichungen aufstellen*

a) $V = (10\text{ cm} \cdot 50\text{ cm} \cdot 5\text{ cm}) + (10\text{ cm} \cdot 25\text{ cm} \cdot 20\text{ cm})$
$V = 2500\text{ cm}^3 + 5000\text{ cm}^3 = 7500\text{ cm}^3$

b) $0{,}8 \cdot 7500\text{ cm}^3 = 6000\text{ cm}^3$

c) Der untere Bereich mit 2500 cm³ ist in 12,5 min gefüllt, also steht die Flüssigkeit 5 cm hoch.

d)

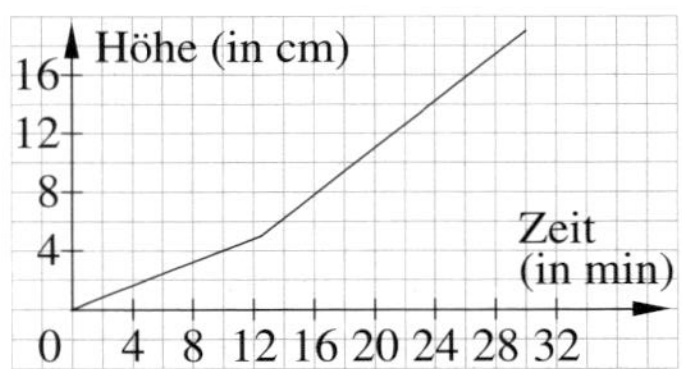

e) bis 12,5 min: $y = \frac{2}{5}x = 0{,}4x$; ab 12,5 min: $y = 0{,}8x - 5$

f) 60 % entspricht 4500 cm³; der untere, breitere Teil ist also mit 2500 cm³ ganz gefüllt.
2000 cm³ Flüssigkeit befinden sich im oberen, schmaleren Teil.
Grundfläche des schmaleren Teils: 250 cm²; 2000 cm³ : 250 cm² = 8 cm
Die Füllhöhe des unteren Teils beträgt 5 cm, die des oberen Teils 8 cm.
Der Flüssigkeitsstand im Behälter beträgt also 13 cm.

64 **Stromtarife**

a) A-Strom: 5400 · 0,25 € + 72 € = 1422 €
B-Energie: 5400 · 0,24 € + 96 € = 1392 €

b) A-Strom: $a(x) = x \cdot 0{,}25 + 72$
B-Energie: $b(x) = x \cdot 0{,}24 + 96$

c) Rechercheauftrag

d) A-Strom: 4800 · 0,25 + 72 = 1272
B-Energie: 4800 · 0,24 + 96 = 1248
Familie Yildiz bezieht ihren Strom von B-Energie.

64 **Stromtarife** (Fortsetzung)

e) $x \cdot 0{,}25 + 72 = x \cdot 0{,}24 + 96$; $x = 2400$
Ab 2400 kWh Jahresverbrauch ist es günstiger den Strom von B-Energie zu beziehen.

f)

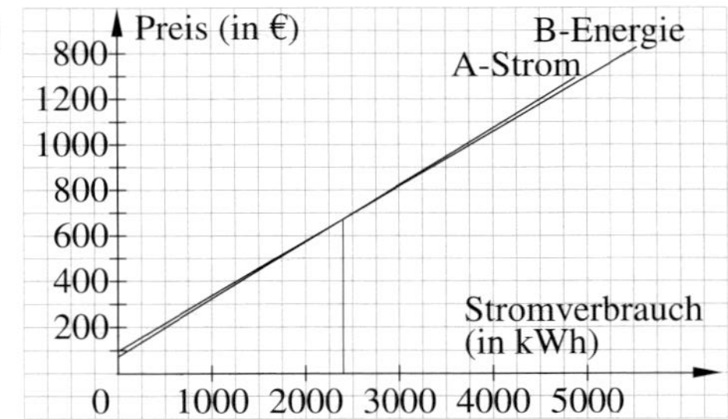

g) Kosten bei B-Energie: 1392 €
① A-Strom könnte den Preis für eine Kilowattstunde (k) senken:
$5400 \cdot k + 72 = 1392$; $k = 0{,}2\overline{4}$
A-Strom müsste den Preis pro kWh auf 24,44 Ct senken, würde wegen des Rundungsfehlers dann jedoch noch knapp unter dem Preis von 1392 € bleiben:
$5400 \cdot 0{,}2444 + 72 = 1391{,}76$
② A-Strom könnte den Grundpreis (g) senken:
$5400 \cdot 0{,}25 + g = 1392$; $g = 42$
Wenn A-Strom seinen Grundpreis auf 42 € senkt, würde Familie Harms genauso viel zahlen wie bei B-Energie.
③ A-Strom könnte sowohl den Preis pro kWh als auch den Grundpreis ändern, z. B.:
Preis pro kWh: 0,23 €; $5400 \cdot 0{,}23 + g = 1392$; $g = 150$
Bei 0,23 € pro kWh und 150 € Grundpreis wären die Kosten ebenfalls die gleichen wie bei B-Energie.
Bei 0,22 € pro kWh wäre ein Grundpreis von 204 € erforderlich usw.

h) Der Grundpreis bei C-Power beträgt 90 € (y-Achsenabschnitt).
$1500 \cdot k + 90 = 360$; $k = 0{,}18$
Der Preis pro kWh beträgt bei C-Power 0,18 €.

i) A-Strom: 1000 · 0,25 + 72 = 322
B-Energie: 3000 · 0,24 + 96 = 816
Der Graph des Tarifs von D-Werke ist eine Gerade durch die Punkte (1000 | 322) und (3000 | 816). Die Steigung beträgt $\frac{y_2 - y_1}{x_2 - x_1} = \frac{816 - 322}{3000 - 1000} = \frac{494}{2000} = 0{,}247$.
Berechnung des y-Achsenabschnitts: $1000 \cdot 0{,}247 + n = 322$; $n = 75$
Die D-Werke verlangen einen Grundpreis von 75 €, der Preis pro kWh beträgt 0,247 €.

Zufall und Wahrscheinlichkeiten

Die Schülerinnen und Schüler lernen den Unterschied zwischen Laplace-Wahrscheinlichkeit und statistischer Wahrscheinlichkeit kennen. (Lange) Versuchsreihen werden zur Schätzung von statistischen Wahrscheinlichkeiten benutzt. Neben der Anwendung der Summenregel sollen Wahrscheinlichkeiten zur Beurteilung von Chancen und Risiken und zur Schätzung von Häufigkeiten genutzt werden.

68 Noch fit?

1 *Brüche in Prozentschreibweise angeben*

a) 50% **b)** 70% **c)** 75% **d)** 35% **e)** 36% **f)** 17%
g) 65% **h)** 18,9% **i)** 80% **j)** 70% **k)** 37,5% **l)** $33,\overline{3}\%$

2 *Zahlenstrahl mit vorgegebener Länge zeichnen; Brüche darauf markieren*

a)
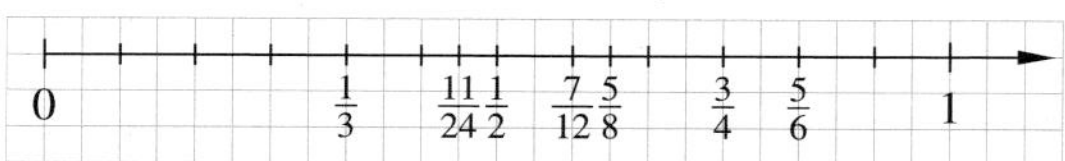

b)
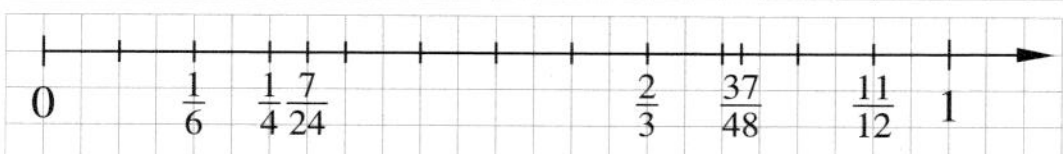

3 *Brüche addieren und subtrahieren*

a) $\frac{3}{5}$ **b)** $\frac{9}{10}$ **c)** $\frac{3}{4}$ **d)** $\frac{3}{4}$ **e)** $\frac{7}{12}$ **f)** $\frac{19}{24}$
g) $\frac{79}{100}$ **h)** $\frac{7}{10}$ **i)** $\frac{1}{4}$ **j)** $\frac{43}{100}$ **k)** $\frac{9}{20}$ **l)** $\frac{4}{15}$

4 *Brüche mit natürlichen Zahlen multiplizieren*

a) 9 **b)** 50 **c)** 140 **d)** 73 **e)** 1840 **f)** 100

5 *Sachaufgabe zur Verkehrssicherheit von Fahrrädern: relative Häufigkeiten ermitteln*

Süd: 0,09 = 9%; Nord: 0,1 = 10%

6 *Sachaufgabe zur Notenverteilung: relative Häufigkeiten und Durchschnitt*

a) Note 1: 0,08; Note 2: 0,24; Note 3: 0,32; Note 4: 0,2; Note 5: 0,12; Note 6: 0,04
b) 3,16

7 *Sachaufgabe: relative Häufigkeiten, arithmetisches Mittel und Zentralwert bestimmen*

a)

Taschengeld in €		10	15	20	25	30
Mädchen	absolute Häufigkeit	3	6	2	1	1
	relative Häufigkeit	$\frac{3}{13} \approx 23\%$	$\frac{6}{13} \approx 46\%$	$\frac{2}{13} \approx 15\%$	$\frac{1}{13} \approx 8\%$	$\frac{1}{13} \approx 8\%$
Jungen	absolute Häufigkeit	4	4	2	2	2
	relative Häufigkeit	$\frac{4}{14} \approx 29\%$	$\frac{4}{14} \approx 29\%$	$\frac{2}{14} \approx 14\%$	$\frac{2}{14} \approx 14\%$	$\frac{2}{14} \approx 14\%$

68 **7** (Fortsetzung)

b) Mädchen: arithmetisches Mittel 16,54 €; Zentralwert 15 €
Jungen: arithmetisches Mittel 17,86 €; Zentralwert 15 €
Bei gleichem Zentralwert ist das durchschnittliche Taschengeld der Jungen höher als das der Mädchen.

Bunt gemischt

1. $u = 4 \cdot 8\text{ cm} = 32\text{ cm}$; $A = 8\text{ cm} \cdot 8\text{ cm} = 64\text{ cm}^2$
2. Bei einer Raute sind alle Seiten gleich lang und gegenüberliegende Winkel gleich groß.
3. 103788
4. $V = a \cdot b \cdot c = 5\text{ cm} \cdot 7\text{ cm} \cdot 3\text{ cm} = 105\text{ cm}^3$
   $O = 2ab + 2ac + 2bc = 70\text{ cm}^2 + 30\text{ cm}^2 + 42\text{ cm}^2 = 142\text{ cm}^2$
5. 11; 14; 13; 16 (plus 3; minus 1)
6. In einem gleichseitigen Dreieck sind alle Seiten gleich lang und alle Winkel messen 60°.
7. 25% von 400 € sind 100 €; 4% von 500 € sind 20 €.

Nachgedacht

80%

69 Zufallsexperimente und Wahrscheinlichkeiten

Erforschen und Entdecken

1 *Unterschied zwischen Laplace- und statistischer Wahrscheinlichkeit spielerisch erkunden*

a) Das „Würfeln“ mit einer Heftzwecke hat wie das „Würfeln“ mit einer Münze zwei Ergebnisse. Beim Münzwurf sind die Ergebnisse annähernd gleich wahrscheinlich, bei der Heftzwecke nicht.
b) Feld 4 ist das Feld, bei dem das Ergebnis mit der größten Wahrscheinlichkeit eintritt, weil die Heftzwecken mehr in diese Lage fallen als „auf den Kopf“.
c) Beide haben zwar sechs Seiten, jedoch hat der Würfel sechs Ergebnisse, die untereinander annähernd gleich wahrscheinlich sind, der Legostein nur vier Ergebnisse (lange Seite, kurze Seite, „Unterseite“, „Noppenseite“), die mit verschiedenen Wahrscheinlichkeiten eintreten.
d) Beim Legostein ist die Wahrscheinlichkeit für die abgebildete Position am höchsten.

2 *lange Versuchsreihen zum Erkunden des Gesetzes der großen Zahlen erstellen*

Je häufiger die Münze geworfen wird, desto mehr nähern sich die relativen Häufigkeiten dem Wert 50%.
Bei der Heftzwecke lässt sich das Ergebnis nicht so zuverlässig voraussagen. Die relativen Häufigkeiten pendeln sich normalerweise bei etwa 44% ein.

71 Basisaufgaben

1 *Argumentationsübung: Laplace-Experiment begründen, Wahrscheinlichkeit bestimmen*

a) Beim Laplace-Experiment müssen lediglich alle Ergebnisse gleich wahrscheinlich sein. (Das ist der Fall, weil alle Kreisteile gleich groß sind.) Die Anordnung der Ergebnisse auf dem Glücksrad spielt dabei keine Rolle.

b) $\frac{1}{8} = 12{,}5\,\%$

2 *Lückentext zum Münzwurf ergänzen*

Laplace-Experiment; 2; Zahl; wahrscheinlich; 50 %

3 *Argumentationsübung: Laplace-Experiment begründen*

Pia hat nicht bedacht, dass die beiden Ergebnisse „der Schütze trifft" und „der Schütze trifft nicht" nicht gleich wahrscheinlich sind (deshalb kein Laplace-Experiment).

4 *Argumentationsübung: Laplace-Experimente begründen*

	Laplace-Experiment?	Begründung:
a)	ja	Die Ergebnisse sind gleich wahrscheinlich, wenn man von einem „idealen" Würfel ausgeht.
b)	nein	siehe Seite 69; Nr. 1 c)
c)	ja	Die Ergebnisse (1 bis 49) sind gleich wahrscheinlich.
d)	ja	Die Ergebnisse (jede der 32 Karten) sind gleich wahrscheinlich.
e)	nein	Die Ergebnisse sind nicht gleich wahrscheinlich.
f)	nein	Die Ergebnisse sind nicht gleich wahrscheinlich.
g)	ja	Jedes Ergebnis (jeder Schüler) ist gleich wahrscheinlich.
h)	nein	Die Ergebnisse sind nicht gleich wahrscheinlich. (Das Brot fällt deutlich häufiger auf die Marmeladenseite.)

5 *Wahrscheinlichkeiten beim Raten von Antworten angeben*

a) $\frac{1}{4}$ **b)** $\frac{1}{2}$

6 *Laplace-Eigenschaft begründen; Wahrscheinlichkeiten bestimmen*

a) Jedes Los wird mit gleicher Wahrscheinlichkeit gezogen: $\frac{1}{1200} \approx 0{,}08\,\%$

b) Jede Karte wird mit gleicher Wahrscheinlichkeit gezogen: $\frac{1}{32} = 3{,}125\,\%$

c) Jedes Hölzchen wird mit der gleichen Wahrscheinlichkeit gezogen: $\frac{1}{10} = 10\,\%$

d) Jede (der sechs) Zahl(en) wird mit gleicher Wahrscheinlichkeit gewürfelt: $\frac{1}{6} \approx 16{,}7\,\%$

7 *Argumentationsübung: Laplace-Experiment begründen; Wahrscheinlichkeiten bestimmen*

a) Ja, es handelt sich um ein Laplace-Experiment, da jede Farbe einmal vorkommt und damit gleich wahrscheinlich ist.

b) $\frac{1}{4} = 25\,\%$

c) blaue Kugel: $1 = 100\,\%$; rote Kugel: $0 = 0\,\%$

71 8 *Beispiele für sichere und unmögliche Ergebnisse nennen*

sichere Ereignisse:	Eine Zahl würfeln, die kleiner ist als 7 (Spielwürfel).
	Das Alter eines Erstklässlers ist größer als 3.
	Silvester fällt auf den 31. Dezember.
unmögliche Ergebnisse:	Das Geburtsdatum eines Mitschülers ist der 35. Mai.
	Jan würfelt mit einem Spielwürfel eine 8.
	Beim Skatspiel wird die Karte „Kreuz 45" gezogen.

9 *Zufallsexperiment mit Flaschendeckel: statistische Wahrscheinlichkeiten bestimmen*

a) Öffnung unten, Öffnung oben, auf der Seite

b) bis **d)** individuell verschieden

72 Weiterführende Aufgaben

10 *Wahrscheinlichkeiten für Fußballauslosungen angeben*

a) $\frac{1}{2} = 50\,\%$ **b)** $\frac{1}{3} \approx 33{,}3\,\%$

c) Beim Auslosen ist das Ergebnis „Kaiserslautern erreicht das Endspiel" nicht möglich.

11 *Wahrscheinlichkeiten für vorgegebene Geburtstage angeben*

a) $\frac{31}{365}$ bzw. $\frac{31}{366} \approx 8{,}5\,\%$ **b)** $\frac{1}{7} \approx 14{,}3\,\%$

c) $\frac{1}{365} \approx 0{,}27\,\%$; $\frac{1}{366} \approx 0{,}27\,\%$ **d)** $\approx \frac{1}{4} = 25\,\%$

e) $\frac{\text{Anzahl Feiertage}}{365}$; in NRW: $\frac{13}{365} \approx 3{,}6\,\%$ **f)** $\approx \frac{1}{12} \approx 8{,}3\,\%$

12 *Wahrscheinlichkeiten beim Ziehen aus einer Urne angeben*

a) $\frac{1}{3}$ **b)** $\frac{1}{2}$ **c)** TOR, TRO, ORT, OTR, RTO, ROT **d)** $\frac{1}{6}$

13 *Glücksräder passend zu gegebenen Wahrscheinlichkeiten zeichnen*

Zeichenübung; individuell verschieden, jedoch insgesamt für Kreissektoren:

a) 90° Rot **b)** 120° Grün **c)** 72° Gelb **d)** kein Blau

e) 108° Schwarz, 216° Weiß, 36° Grau

14 *zu gegebenen Wahrscheinlichkeiten passende Laplace-Experimente angeben*

Lösungen individuell, z. B.

a) In einer Schale sind 20 rote und 20 blaue Kugeln. Man zieht mit geschlossenen Augen eine rote Kugel.

b) Man wirft einen sechsseitigen Würfel und würfelt eine 5.

c) In der Lostrommel sind noch vier Lose, einer davon ist der Hauptgewinn. Man zieht mit einem Los den Hauptgewinn.

d) Eine Gruppe von acht Schülern bestimmt durch Losen, wer am Ende des Spiels aufräumen muss.

e) Aus einem vollständigen Skatspiel mit 32 Karten wird die Karte Pik 8 gezogen.

72 **15** *Aussagen zu einem Laplace-Experiment prüfen*

a) Die Aussage ist wahr, denn andernfalls hätte zuvor nicht 63-mal eine weiße Kugel gezogen werden können.

b) Die Aussage ist falsch. Es ist zwar extrem unwahrscheinlich, dass bei 100-maligem Ziehen nie die rote Kugel gezogen wurde, obwohl sich mindestens eine im Beutel befand. Unmöglich ist es jedoch nicht.

c) Die Aussage ist falsch. Auch wenn bei 100 Versuchen fast doppelt so häufig weiße Kugeln gezogen wurden, muss es nicht sein, dass mehr weiße als schwarze Kugeln im Beutel sind. Die Wahrscheinlichkeit für mehr weiße ist jedoch recht hoch.

d) Die Aussage ist falsch. Man könnte aber aufgrund der Zahlen sagen, dass sich mit großer Wahrscheinlichkeit sechs weiße und vier schwarze Kugeln im Beutel befinden:
relative Häufigkeit einer weißen Kugel: $\frac{63}{100} = 0{,}63$; einer schwarzen Kugel: $\frac{37}{100} = 0{,}37$
Wahrscheinlichkeiten bei sechs weißen und vier schwarzen Kugeln im Beutel:
$P(\text{weiß}) = \frac{6}{10} = 0{,}6 \approx 0{,}63$; $P(\text{schwarz}) = \frac{4}{10} = 0{,}4 \approx 0{,}37$

16 *Experimente mit Euromünzen durchführen und auswerten*
individuelle Ergebnisse

73 Summenregel

Erforschen und Entdecken

1 *Summenregel anhand von Glücksrad-Experimenten herleiten*

a) bezogen auf die Felder, die „erdreht" werden können, ja

b) $\frac{1}{8}$

c) Es sind $2 \cdot \frac{1}{8} = \frac{1}{4}$.

d) Das linke Rad ist günstiger: $\frac{3}{8}$ gegenüber rechts $\frac{2}{8}$.

e) Mit dem linken Rad ist es günstig: z.B. Gelb und Rot (oder Grün)
Die Gewinnchance beträgt $\frac{5}{8} > \frac{1}{2}$.

2 *Summenregel anhand von Experimenten mit verschiedenen gebastelten Würfeln herleiten*
Bastelübung

a) grundsätzlich ja, wenn die gebastelten Modelle „idealisiert" werden

b)

Ereignis	1	3	1 oder 3	ungerade
Tetraeder	$\frac{1}{4}$	$\frac{1}{4}$	$\frac{1}{2}$	$\frac{1}{2}$
Oktaeder	$\frac{1}{8}$	$\frac{1}{8}$	$\frac{1}{4}$	$\frac{1}{2}$

75 Basisaufgaben

1 *Wahrscheinlichkeiten bei Würfelexperimenten bestimmen*

a) $\frac{1}{2}$ **b)** $\frac{1}{3}$ **c)** $\frac{2}{3}$ **d)** $\frac{1}{2}$

75 **2** *Wahrscheinlichkeiten bei Urnenexperimenten bestimmen*

a) $\frac{4}{8} = \frac{1}{2} = 0{,}5 = 50\,\%$ **b)** $0 = 0\,\%$ **c)** $\frac{2}{8} + \frac{4}{8} = \frac{6}{8} = \frac{3}{4} = 75\,\%$

d) $\frac{4}{8} + \frac{2}{8} = \frac{6}{8} = \frac{3}{4} = 75\,\%$ **e)** $\frac{2}{8} + \frac{2}{8} = \frac{4}{8} = \frac{1}{2} = 50\,\%$ **f)** $1 = 100\,\%$

3 *Wahrscheinlichkeiten bei Lostrommelexperimenten bestimmen*

a) $\frac{10}{200} = \frac{1}{20} = 0{,}05 = 5\,\%$ **b)** $\frac{120}{200} + \frac{70}{200} = \frac{19}{20} = 0{,}95 = 95\,\%$

c) $\frac{80}{200} = \frac{2}{5} = 0{,}4 = 40\,\%$

4 *Wahrscheinlichkeiten beim Ziehen von Skatkarten bestimmen*

a) $\frac{1}{32}$ **b)** $\frac{1}{8}$ **c)** $\frac{1}{4}$ **d)** $\frac{1}{16}$ **e)** $\frac{1}{4}$ **f)** $\frac{5}{32}$

g) $\frac{9}{32}$ **h)** $\frac{7}{8}$ **i)** $\frac{9}{32}$ **j)** $\frac{18}{32}$ **k)** $\frac{21}{32}$

l) Kenan hat das Komplementärereignis zu „eine 7" berechnet, indem er von 1 die Wahrscheinlichkeit für „eine 7" subtrahiert. Sein Ergebnis stimmt mit Janas überein.

5 *Wahrscheinlichkeiten beim Ziehen von Kugeln bestimmen*

a) $\frac{1}{30}$ **b)** $\frac{1}{15}$ **c)** $\frac{1}{6}$ **d)** $\frac{1}{2}$ **e)** $\frac{2}{15}$ **f)** $\frac{1}{3}$ **g)** $\frac{2}{3}$

Lösungswort: LIBANON (Kontinent: Asien)

6 *Wahrscheinlichkeiten beim Roulettespiel bestimmen*

a) $\frac{1}{37} \approx 2{,}7\,\%$ **b)** $\frac{18}{37} \approx 48{,}7\,\%$ **c)** $\frac{18}{37} \approx 48{,}7\,\%$ **d)** $\frac{2}{37} \approx 5{,}4\,\%$

e) $\frac{4}{37} \approx 10{,}8\,\%$ **f)** $\frac{12}{37} \approx 32{,}4\,\%$ **g)** $\frac{18}{37} \approx 48{,}7\,\%$

76 Weiterführende Aufgaben

7 *Wahrscheinlichkeiten für Verkehrsmittel bei Schülern berechnen*

a) 19 % **b)** 59 % **c)** 78 %

8 *Wahrscheinlichkeiten beim Mensch-ärgere-dich-nicht-Spiel berechnen*

a) $\frac{1}{2}$ **b)** $\frac{1}{3}$ **c)** $\frac{5}{6}$ **d)** $\frac{2}{3}$ (Bei einer „6" muss zuerst rausgesetzt werden!)

e) $\frac{1}{3}$ **f)** $\frac{1}{3}$ **g)** $\frac{1}{3}$ **h)** $\frac{1}{6}$

9 *Ereignisse zu gegebenen Wahrscheinlichkeiten finden (beim Ziehen von Kugeln)*
individuelle Lösungen, z.B.

a) Eine gerade Zahl wird gezogen. *oder*: Es wird eine Zahl gezogen, die größer ist als 10.

b) Es wird die Zahl 5 gezogen. *oder*: Es wird die Zahl 20 gezogen.

c) Es wird eine der Zahlen von 1 bis 5 gezogen. *oder*:
Es wird eine durch vier teilbare Zahl gezogen.

d) Es wird eine Zahl gezogen, die kleiner ist als 16. *oder*:
Es wird eine Zahl gezogen, die größer ist als 5.

e) Es wird die Zahl 21 gezogen. *oder*: Es wird eine negative Zahl gezogen.

76 **10** *Wahrscheinlichkeiten bei Urnenexperiment berechnen*

a) $\frac{1}{2}$ **b)** $\frac{6}{25}$ **c)** $\frac{6}{25}$ **d)** $\frac{3}{25}$ **e)** individuell verschieden

11 *Argumentationsübung; Wahrscheinlichkeit bei sich überschneidenden Ereignissen berechnen*
Die Ereignisse „gerade Zahl" und „größer als 3" überschneiden sich (4 und 6 sind gerade **und** größer als 3), also lässt sich die Summenregel nicht anwenden.
Es gibt 4 günstige Ergebnisse: 2, 4, 5 und 6; richtiges Ergebnis: $\frac{4}{6} = \frac{2}{3}$

12 *Argumentationsübung; Zufallsgerät mit größtmöglicher Gewinnwahrscheinlichkeit wählen*
a) Die Wahrscheinlichkeit für eine „1" ist beim Ziehen aus der Schale am höchsten (40 %).
b) Die Wahrscheinlichkeit für „keine 2" ist beim Ziehen aus der Schale und beim Glücksrad gleich hoch (60 %). Beim Würfeln beträgt die Wahrscheinlichkeit nur 50 %.
c) Der Würfel ist hierfür mit $\frac{5}{6} \approx 83{,}3\,\%$ Wahrscheinlichkeit am besten geeignet.
d) Der Würfel und das Glücksrad sind gleichermaßen gut geeignet (50 %).

77 Wahrscheinlichkeiten nutzen und deuten

Erforschen und Entdecken

1 *Aussagen bei Wettervorhersagen deuten*
a) Regenschauer; Temperatur 18 °C
b) 20 Uhr
c) ① trifft zu; ② trifft zu; ③ trifft nicht zu
④ trifft nicht zu; lediglich die Wahrscheinlichkeit ist höher;
⑤ trifft nicht zu; ⑥ trifft nicht zu; ⑦ trifft zu
d) individuelle Antworten, z.B.:
Zwischen 16 und 19 Uhr könnte es regnen.
Gegen Abend wird die Regenwahrscheinlichkeit geringer.

2 *Argumentationsübung: Chancen für eine Sechs beim Spielwürfel beurteilen*
Fabian und Max irren sich. Die Wahrscheinlichkeit ist für jede Zahl gleich hoch.
Mit ihrer zweiten Aussage hat Emma Unrecht: In sechs Würfen eine Sechs zu würfeln ist nicht zwingend sicher.
Die Aussagen von Fabian und Max können daher kommen, dass sich das (vergebliche) Warten auf eine Sechs stärker einprägt als wenn man sofort eine Sechs bekommt.

3 *Häufigkeiten zu Gummibärchenanzahlen abschätzen*
a) und **b)** individuelle Ergebnisse
c) $\frac{1}{3} \cdot 125 \approx 42$ Es wären ungefähr 42 rote Gummibärchen in der Tüte zu erwarten.

78 Basisaufgaben

1 *Aussagen und Wahrscheinlichkeiten einander zuordnen*
① 100 % ② 0 % ③ 50 % ④ 80 % ⑤ 5 %

78 **2** *Aussagen zu einer Wettervorhersage bewerten*

Aussage	zutreffend?	Begründung
Es ist sicher, dass es regnen wird.	nein	Die Wahrscheinlichkeit ist nur relativ hoch.
Es wird mindestens eine Stunde regnen.	nein	Die Regenwahrscheinlichkeit ist für den Tag relativ hoch. Damit ist keine Aussage über die mögliche Regendauer verbunden.
Es wird sehr wahrscheinlich regnen.	ja	75 % Wahrscheinlichkeit kann man als sehr wahrscheinlich bezeichnen.
Es ist möglich, dass es nicht regnet.	ja	Es ist zu 25 % wahrscheinlich, dass es nicht regnet.
In der Vergangenheit regnete es bei gleicher Wetterlage in 75 % der Fälle.	ja	Die Wetterprognosen basieren immer genau auf diesen Erfahrungswerten aus der Vergangenheit.

79 **3** *Angaben zu Schneetagen interpretieren*
Die beiden Monate haben zusammen 59 (im Schaltjahr 60) Tage.
$0{,}9 \cdot 59 = 53{,}1$ und $0{,}9 \cdot 60 = 54$
Man kann mit durchschnittlich 53 bis 54 Schneetagen in diesen Monaten rechnen.

4 *Wahrscheinlichkeiten für Farbenblindheit berechnen*
a) Die Anzahl farbenblinder Frauen (Männer) liegt etwa bei 1,648 Mio. (3,16 Mio.).
b) 39,5 Mio. + 41,2 Mio. = 80,7 Mio.; 1,648 Mio. + 3,16 Mio. = 4,808 Mio.
Einwohner 2013: 80,7 Mio., davon wahrscheinlich farbenblind: 4,808 Mio.
4,808 Mio. von 80,7 Mio. sind ≈ 5,96 %.
Die Wahrscheinlichkeit beträgt etwa 5,96 %.

5 *Aussagen über Regenwahrscheinlichkeiten interpretieren*
5 % von 31 Tagen sind 1,55 Tage (gegenüber 1 Regentag an der türkischen Riviera).
Die Regenwahrscheinlichkeit ist an der türkischen Riviera geringer.

6 *statistische Aussagen zu Konzertbesuchern interpretieren und bewerten*
a) 45 Personen
b) Die Überschrift ist nicht gerechtfertigt. Die Konzertbesucher sind in der Regel bereits Fans der Band.

Weiterführende Aufgaben

7 *Daten aus Zeitungsartikel über Schwarzfahrer bewerten*
individuell verschiedene Formulierungen möglich, z.B.:
Es ist nötig, den Anteil der Schwarzfahrer möglichst genau abschätzen zu können. Dazu müssen die Fahrscheinkontrollen repräsentativ sein, also auf möglichst allen Strecken zu verschiedensten Zeiten. Es muss auch die Anzahl der Fahrer insgesamt bekannt sein.

79 **8** *Risiken und Chancen bei populären Aussagen richtig bewerten*
individuell verschiedene Formulierungen möglich, z.B.:
Die Wahrscheinlichkeit für sechs Richtige im Lotto beträgt etwa 1 : 14 000 000. Die Wahrscheinlichkeit, dass ein Mensch vom Blitz getroffen wird, beträgt etwa 1 : 12 000 000. Der Wissenschaftler hat also Recht.
Man hört jedoch wirklich häufiger von glücklichen Lottogewinnern hört als von Menschen, die vom Blitz getroffen wurden (von denen ca. 10 % sterben). Das liegt auch daran, dass der Schreiber nicht berücksichtigt, wie viele Menschen überhaupt von den Ereignissen betroffen sein können. Jede Woche spielen Millionen Menschen Lotto, während sich nur sehr wenige Leute bei einem Gewitter draußen in der Nähe möglicher Blitzeinschläge aufhalten.

9 *statistische Wahrscheinlichkeit für „weiße Weihnachten" interpretieren*
a) in NRW: 10 % – 30 %
b) am geringsten in Norddeutschland bis südlich im Bereich ca. Brandenburg, Niedersachsen; am größten in Süddeutschland, auch Erzgebirge, Harz und Eifel
c) langjährige statistische Aufzeichnungen über den Schneefall
d) München $\frac{1}{3} = 0,\overline{3} = 33\frac{1}{3}\,\%$ (gegenüber 90 % in der Grafik)
Dresden $\frac{1}{4} = 0,25 = 25\,\%$ (gegenüber etwa 60 % – 90 % in der Grafik)
Frankfurt $\frac{1}{8} = 0,125 = 12,5\,\%$ (gegenüber etwa 30 % – 50 % in der Grafik)
Hamburg/Aachen $\frac{1}{10} = 0,1 = 10\,\%$
Die Angaben in der Randspalte stimmen nur für Hamburg und Aachen annähernd mit denen in der Grafik überein. Dort wurden in der Grafik Wahrscheinlichkeiten von 10 % – 20 % (für Hamburg) und 10 % – 30 % (für Aachen) angegeben. Für die anderen Städte sind die Abweichungen erheblich.

80 Betrüger mit Hilfe der Wahrscheinlichkeitsrechnung entlarven

Erstaunlicherweise kommt die erste Ziffer einer Datenreihe nicht gleich häufig vor. Mit Hilfe der sogenannten Benford-Verteilung, der Wahrscheinlichkeitsverteilung des Auftretens der Ziffern 1 bis 9 als erste Ziffer, werden Datenreihen z.B. von Wirtschaftsprüfern untersucht, um Betrügereien auf die Spur zu kommen.
In Aufgabe 1 sollen die Schüler Beispiele für Datenreihen finden. In Aufgabe 2 werden sie aufgefordert Aussagen zur Benford-Verteilung anhand des abgebildeten Diagramms zu bewerten. Für eine gegebene Datenreihe soll die Verteilung der Anfangsziffern in Aufgabe 3 untersucht und ausgewertet werden; für zuvor zu erhebende Daten (Autokennzeichen) erfolgt die Auswertung in Aufgabe 4.
Die Aufgaben 5 und 6 behandeln den Fall einer Datenmanipulation und der Vorgehensweise mit Hilfe der Benford-Verteilung, um diese aufzudecken.

80 **1**
Beispiele für Datenreihen:
Einwohnerzahlen der deutschen Bundesländer
Einwohnerzahlen der europäischen Staaten
Anzahl der Pkw-Neuzulassungen pro Jahr
Verkaufszahlen verschiedener Automodelle

2
① richtig Die Wahrscheinlichkeit, dass eine Zahl mit einer bestimmten Ziffer beginnt, nimmt immer weiter ab, je größer die Ziffer wird.
② falsch Es ist wahrscheinlich, aber nicht sicher, dass etwa drei der zehn Werte mit der Ziffer 1 beginnen.
③ falsch Es ist lediglich wahrscheinlich, aber nicht sicher, dass 13 bis 14 der Werte mit 6 beginnen, denn 6,7 % von 200 sind 13,4.
④ richtig $6 \cdot 4,6\,\% = 27,6\,\%$; $27,6\,\% < 30,1\,\%$

3
a)
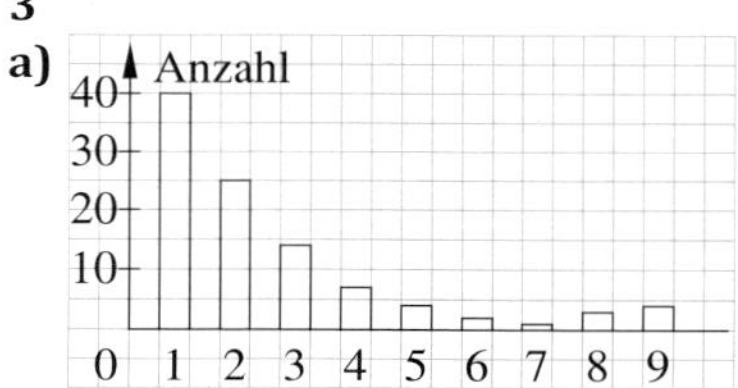

Die Verteilung ähnelt sehr stark der Benford-Verteilung.

b) individuelle Antworten möglich, z.B.:
Wenn man die 50 höchsten Berge der Welt betrachtet, so liegen alle, bedingt durch die Entstehungsgeschichte der Erde, ungefähr im gleichen Höhenbereich.
Die Benford-Verteilung kann auf solche Datenreihen nicht sinnvoll angewendet werden. Insofern hat Jonathan Unrecht.

81 **4**
handlungsorientierte Aufgabe

5
a) Herr Meier überweist täglich einmal auf sein eigenes Konto, also monatlich etwa 30-mal.
Der Anteil beträgt ungefähr $\frac{30}{530} \approx 0,057 = 5,7\,\%$.
b) Der Schaden liegt monatlich (30 Tage) bei etwa 2700 bis unter 3000 Euro.
Der jährliche Schaden liegt bei etwa 32 850 bis unter 36 500 Euro.

81 **6**

a) 4,6% von 530 sind ungefähr 24.
24 Überweisungen sollten nach der Benford-Verteilung mit der Ziffer 9 beginnen.

b) Alle von Herrn Meier durchführten 30 Überweisungen beginnen mit der Ziffer 9.
4,6% von 500 sind 23.
Hinzu kommen etwa 23 Überweisungen nach der Benford-Verteilung.
$30 + 23 = 53$
Der Wirtschaftsprüfer wird wahrscheinlich bei etwa 53 der insgesamt 530 Überweisungen die Anfangsziffer 9 feststellen, das heißt bei einem Anteil von 10% der Überweisungen. Nach der Benford-Verteilung würde er nur bei etwa 4,6% der Überweisungen diese Anfangsziffer erwarten.
Der tatsächliche Anteil ist mehr als doppelt so hoch wie der erwartete Anteil, also wird der Wirtschaftsprüfer vermutlich misstrauisch werden.

82 Vermischte Übungen

1 *einfache Wahrscheinlichkeiten bei Laplace-Experimenten bestimmen*

a) $\frac{1}{32} = 0{,}031\,25 \approx 3{,}1\%$ **b)** $\frac{1}{6} = 0{,}1\overline{6} \approx 16{,}7\%$

c) $\frac{1}{3} = 0{,}\overline{3} \approx 33{,}3\%$ **d)** $\frac{1}{4} = 0{,}25 = 25\%$

2 *Wahrscheinlichkeiten beim Losen bestimmen*

a) $\frac{1}{27} = 0{,}\overline{037} \approx 3{,}7\%$ **b)** $\frac{12}{27} = \frac{4}{9} = 0{,}\overline{4} \approx 44{,}4\%$

3 *Laplace-Wahrscheinlichkeiten berechnen (Kugeln ziehen)*

a) schwarze Kugel: $\frac{7}{10} = 0{,}7 = 70\%$; weiße Kugel: $\frac{3}{19} = 0{,}3 = 30\%$

b) $\frac{3}{8} = 0{,}375 = 37{,}5\%$

4 *Wahrscheinlichkeiten berechnen (Lostrommel) und vergleichen*

Zeitpunkt 1: Lose: 500; Nieten: 480; Gewinne: $500 - 480 = 20$
$P(\text{Gewinn}) = \frac{20}{500} = \frac{1}{25}$

Zeitpunkt 2: Lose: $500 - 200 = 300$; Gewinne: $20 - 8 = 12$; Nieten: $300 - 12 = 288$
$P(\text{Gewinn}) = \frac{12}{300} = \frac{1}{25}$

Die Gewinnwahrscheinlichkeit hat sich im Vergleich zum ersten Zug nicht verändert.

5 *Wahrscheinlichkeiten bei einem Würfel mit Zahlen und Farben bestimmen*

a) $\frac{3}{6} = \frac{1}{2}$ **b)** $\frac{4}{6} = \frac{2}{3}$ **c)** $\frac{2}{6} = \frac{1}{3}$ **d)** $\frac{5}{6}$

6 *gegebene Ereignisse (beim Spielwürfel) einer bestimmten Wahrscheinlichkeit zuordnen*

a) und c) erfüllen die Bedingung.

82 **7** *Wahrscheinlichkeiten beim 20-seitigen Würfel bestimmen*

a) $\frac{1}{20}$ **b)** $\frac{1}{4}$ **c)** $\frac{1}{10}$ **d)** $\frac{8}{20} = \frac{2}{5}$

8 *Wahrscheinlichkeiten bei einer Tombola berechnen*

a) $\frac{1}{200} = 0{,}005 = 0{,}5\%$

b) 50 Gewinne bei 200 Losen entsprechen einem Anteil von $\frac{1}{4}$; der Losverkäufer hat recht.

c) $200 - 150 - 1 - 4 = 45$ Es sind 45 Kleingewinne.
$P(\text{Kleingewinn}) = \frac{45}{200} = \frac{9}{40} = 0{,}225 = 22{,}5\%$

9 *„Würfelexperiment" mit einem Quader auswerten, statistische Wahrscheinlichkeiten angeben*

a) $\frac{81}{400} = 0{,}2025 = 20{,}25\%$

b) Die Augenzahlen 1, 2 und 5 sollten mit der gleichen Wahrscheinlichkeit gewürfelt werden wie die Augenzahl 6, da diese Flächen alle die gleiche Größe und Form haben.

c) 81-mal wurde die Augenzahl 6 gewürfelt. Also wurden etwa 324-mal ($= 4 \cdot 81$) die Zahlen 1, 2, 5 oder 6 gewürfelt.
$400 - 324 = 76$; $76 : 2 = 38$ Es wurde etwa 38-mal die Augenzahl 3 gewürfelt.

83 **10** *Wahrscheinlichkeiten für Glücksrad-Experiment berechnen; passendes Glücksrad zeichnen*

a) 30% **b)** 70%

d) Zeichenübung; es muss gelten: Hauptgewinn 18°; Kleingewinn 90°; Niete 252°
Aufteilung und Anordnung individuell verschieden,
z.B. ein Rad mit 20 (oder 40) Segmenten, davon eines (2) für den Hauptgewinn, 5 (10) Segmenten für Kleingewinne und die restlichen 14 (28) Segmente ohne Gewinn.

11 *Aussagen zu einer Torwartstatistik bewerten*

a) Falsch; von insgesamt 25 Elfmeterschüssen hat der Torwart 5 gehalten, das sind 20%.

b) Diese Aussage ist (für diesen Torwart) für jeden Elfmeter richtig. Für jeden Elfmeter gilt, dass der Torwart mit einer Wahrscheinlichkeit von 20% hält. Also ist es für jeden Schuss zu 80% wahrscheinlich, aber nicht sicher, dass der Ball ins Tor geht.

c) Falsch; man kann keine sicheren Voraussagen treffen, sondern nur die Wahrscheinlichkeit angeben. Es ist wahrscheinlich, aber nicht sicher, dass von fünf Elfmetern einer gehalten wird.

d) Richtig; zwar ist es wahrscheinlicher, dass er zwei Bälle hält, aber keinesfalls sicher.

e) Falsch; es ist zwar nicht sehr wahrscheinlich, aber nicht unmöglich.

f) Richtig; jeder fünfte Elfmeter entspricht dem Anteil 1 : 5, also 20%.

12 *Beispiele für verschiedene Arten von Experimenten angeben*

Laplace-Experiment: fairer Spielwürfel, faire Würfel aller Art, Ziehen aus Kartenspiel, Glücksrad mit gleich großen Feldern, ...
Zufallsexperimente mit verschieden wahrscheinlichen Ergebnissen:
Würfeln mit einem geometrischen Körper, dessen Oberflächen unterschiedlich groß sind, z.B. Quader, Zylinder, Pyramide, Kegel, Legostein

83 **13** *Unterschied zwischen Ereignis und Ergebnis an einem Beispiel erklären*

individuell verschiedene Formulierungen.
Ergebnisse sind einzelne Ausgänge bei Zufallsexperimenten (z.B. eine Zahl beim Würfel). Ereignisse sind Ausgänge von Zufallsexperimenten, die auch mehrere Ergebnisse einschließen können (z.B. alle geraden Zahlen beim Würfel; alle durch 3 teilbaren Zahlen).

14 *Test für einen manipulierten Würfel angeben*

Nico könnte möglichst häufig würfeln und die Ergebnisse in einer Tabelle festhalten. Nach z.B. 100 Würfen müsste er die relative Häufigkeit jeder Augenzahl ermitteln. Sie sollte für jede Augenzahl etwa $\frac{1}{6}$ betragen. Bei größeren Abweichungen ist anzunehmen, dass der Würfel manipuliert wurde.

15 *Wetterprognose interpretieren*

nicht; ja; nicht; nicht; ja; nicht; ergibt das Lösungswort HIMMEL

16 *Chancen beim Glücksspiel kritisch bewerten*

Janinas Verhalten ist unvernünftig. Das Ergebnis jeder Runde ist unabhängig vom Ergebnis der Runde zuvor. Die Wahrscheinlichkeit, dass „schwarz" gewinnt, beträgt 50%, auch wenn zuvor fünfmal „rot" gewonnen hat.

17 *Argumentationsübung: Ergebnisse beim Münzwurf*

Serpil hat Unrecht. Wenn zwei Münzen gleichzeitig geworfen werden, gibt es 4 mögliche, gleich wahrscheinliche Ergebnisse (1. Münze | 2. Münze):
(Zahl | Zahl); (Zahl | Kopf); (Kopf | Zahl); (Kopf | Kopf)
Die Wahrscheinlichkeit, dass beide Münzen „Zahl" zeigen, ist also $\frac{1}{4}$.
Serpils drei Möglichkeiten sind nicht gleich wahrscheinlich.

84 **Glücksrad auf dem Schulfest**

a) $P(1) = \frac{1}{24} = 0{,}041\overline{6} \approx 4{,}2\,\%$

b) $P(\text{Hauptgewinn}) = \frac{2}{24} = \frac{2}{24} = 0{,}08\overline{3} \approx 8{,}3\,\%$

c) 8 Trostpreise (Primzahlen 2, 3, 5, 7, 11, 13, 17, 19); 2 Hauptgewinne
$P(\text{Trostpreis oder Hauptgewinn}) = \frac{10}{24} = \frac{5}{12} = 0{,}41\overline{6} \approx 41{,}7\,\%$

d) Nein, denn die Wahrscheinlichkeiten sagen nichts darüber aus, ob das Ergebnis wirklich eintritt. Es ist nur wahrscheinlich, dass 2 bis 3 Kinder der insgesamt 30 Kinder einen Hauptgewinn erhalten $\left(\frac{1}{12} \cdot 30 = 2{,}5\right)$. Es ist jedoch nicht sicher.

e) Bei 5 Drehversuchen ist es wahrscheinlich, dass ungefähr 2 Kinder einen Preis erhalten $\left(\frac{5}{12} \cdot 5 \approx 2{,}1\right)$. Das ist jedoch nicht sicher, deshalb kann bei dieser kleinen Anzahl von Versuchen noch nicht auf eine Manipulation des Rades geschlossen werden.

84 **Glücksrad auf dem Schulfest** (Fortsetzung)

f) Vorschläge individuell verschieden, z.B.:
Man ersetzt eine Krone durch eine Zahl, die keine Primzahl ist (oder z.B. durch ein anderes Symbol oder ein farbiges Feld).
Außerdem ersetzt man drei der acht Primzahlen durch Zahlen, die keine Primzahlen sind (oder durch Symbole oder farbige Felder).

g) z.B.: 1) 300 Lose; 4 Hauptgewinne; 71 Kleingewinne; 225 Nieten
2) 900 Lose; 12 Hauptgewinne; 213 Kleingewinne; 675 Nieten

h) z.B. Tombola mit 1000 Losen; jedes Los kostet 1 €; Gesamteinnahmen: 1000 €
Der Veranstalter soll 100 € Gewinn erzielen,
also können 900 € auf die Gewinne verteilt werden, z.B. folgendermaßen:
1 Hauptgewinn im Wert von 200 €,
4 Gewinne im Wert von jeweils 50 € (zusammen 200 €),
10 Gewinne im Wert von jeweils 20 € (zusammen 200 €),
20 Kleingewinne im Wert von jeweils 10 € (zusammen 200 €),
200 Trostpreise im Wert von jeweils 0,50 € (zusammen 100 €),
765 Nieten

Zinsrechnung

Im „Noch fit?“ dieses Kapitels wird zunächst noch einmal auf die Begriffe der Prozentrechnung eingegangen, damit der Umgang damit weiter eingeübt und vertieft werden kann. Dieses Wissen wird dann auf die Zinsrechnung übertragen. Fehlende Werte können sowohl mit der Formel als auch – wie bisher in der Prozentrechnung – mit dem Dreisatz berechnet werden. Um mit realistischen Werten rechnen zu können, erfolgt hier die Einführung des Taschenrechners. Im Anschluss daran wird im Sinne des Spiralprinzips eine weitere Größe eingeführt, und zwar die Zeit in der Zinsrechnung. Damit können Zinsen taggenau berechnet werden. Wird ein Kapitel über mehrere Jahre angelegt, so müssen Zinseszinsen beachtet werden (schrittweise, hier noch nicht mit der Zinseszinsformel).
Es schließt sich eine Einführung in den erweiterten Gebrauch des Werkzeugs „Tabellenkalkulation mit dem Computer“ und aktueller Anwendungsmöglichkeiten der Zinsrechnung im Alltag an (Ratensparen und Kredite tilgen). Neben der Einübung der Berechnungsmöglichkeiten wird wie in Klasse 7 im Kapitel Prozentrechnung besonderer Wert auf Alltagsbezug und Bezug zur Lebenswelt der Schülerinnen und Schüler gelegt.

88 Noch fit?

1 *„besondere Anteile“ anschaulich darstellen*
Zeichenübung; Maße der Teilflächen z.B.:
a) ein Karokästchen; 5 mm breiter Streifen; 1 cm breiter Streifen; $\frac{1}{4}$ des Quadrats
b) fünf Karokästchen; $\frac{1}{2}$ Quadrat **c)** $\frac{3}{4}$ des Quadrats; das ganze Quadrat

2 *Anteile in unterschiedlichen Schreibweisen darstellen*

	a)	b)	c)	d)	e)	f)
Dezimalbruch	0,25	**0,10**	0,60	**0,125**	**1**	0,05
Bruch	$\frac{25}{100} = \frac{1}{4}$	$\frac{1}{10}$	$\frac{6}{10} = \frac{2}{5}$	$\frac{125}{1000} = \frac{1}{8}$	$\frac{100}{100} = \mathbf{1}$	$\frac{5}{100} = \frac{1}{20}$
in Prozent	25 %	**10 %**	**60 %**	**12,5 %**	100 %	**5 %**
Anteil	25 von 100	**10 von 100**	**60 von 100**	12,5 von 100	**100 von 100**	**5 von 100**

3 *Brüche in Prozentschreibweise darstellen*
a) 25 % **b)** 70 % **c)** 50 % **d)** 25 % **e)** 22 % **f)** 40 %

4 *Prozentwerte, Grundwerte und Prozentsätze berechnen*
a) 12 m **b)** 3 kg **c)** 60 € **d)** 1000 € **e)** 300 kg **f)** 40 g
g) 1 % **h)** 25 % **i)** 12,5 %

5 *Prozentwerte, Grundwerte und Prozentsätze berechnen*
a) $2400 \cdot 0{,}02 = 48$; 48 m **b)** $720 : 0{,}4 = 1800$; 1800 l
c) $16 : 20 = 0{,}8$; 80 % **d)** $2500 \cdot 0{,}4 = 1000$; 1000 km
e) $48 : 120 = 0{,}4$; 40 % **f)** $0{,}24 : 0{,}5 = 0{,}48$

88 **6** *Prozentwerte, Grundwerte und Prozentsätze im Sachzusammenhang berechnen*
a) $W = 17{,}50$ € **b)** $G \approx 42\,177\,143$ **c)** $p\,\% \approx 184\,\%$

7 *mit vermehrtem Grundwert rechnen*
Sein Gewinn beträgt 140 % seines Einsatzes.

Bunt gemischt
1. höchstens: 20,02 € (mit sechs 2-€-Münzen)
mindestens: 8,14 € (mit sechs 2-ct-Münzen)
2. $49^2 = (50-1)\cdot(50-1) = 50^2 - 2\cdot 50 + 1^2 = 2500 - 100 + 1 = 2401$
$27 \cdot 33 = (30-3)\cdot(30+3) = 30^2 - 3^2 = 900 - 9 = 891$
3. $\frac{1}{4}\,\text{m}^3 = \frac{1}{4}\cdot 1000\,\text{dm}^3 = 250\,\text{dm}^3$
4. Ja, denn 25 % von 80 sind 20 und 80 % von 25 sind ebenfalls 20.

Nachgedacht
Der **Dispositionskredit** ist die von Banken eingeräumte, in ihrer Höhe vertraglich geregelte Überziehungsmöglichkeit für ein Girokonto (Gehaltskonto) einer Privatperson.
Überziehungszinsen werden von Banken bei der Überziehung eines Girokontos berechnet.
Ein **Kredit** ist die Überlassung von Geld auf Zeit an einen Kreditnehmer. Kreditgeber sind in der Regel Banken. Meist ist ein Kredit gebührenpflichtig, sodass neben der Rückzahlung des überlassenen Geldes normalerweise Zinsen zu zahlen sind.
Sollzinsen werden Zinsen genannt, die einem Kreditnehmer von Banken für einen gewährten Kredit berechnet werden.
Habenzinsen werden Zinsen genannt, die den Bankkunden für Spareinlagen von den Banken gezahlt werden.
Eine **Hypothek** ist ein Art Pfand, die bei Banken als Sicherungsmittel für Kredite eingesetzt werden kann. Der Besitzer einer Immobilie (Hauseigentum) kann als Hypothekennehmer seine Rechte an der Immobilie an eine Bank abtreten, um dafür einen Kredit zu erhalten. Sollte der Kreditnehmer den Kreditbetrag nicht zurückzahlen können, darf die Bank das Haus versteigern und sich das Geld aus dem Erlös nehmen.
Bei einem **Ratenkredit** wird der gewährte Geldbetrag in gleichbleibenden monatlichen Beträgen (Raten) zu einem zuvor festgelegten Zinssatz in einer vorher festgelegten Anzahl von Monatsraten zurückgezahlt. Die Monatsraten enthalten den Rückzahlbetrag (Tilgung) und die Zinsen (Sollzinsen).
Beim **Ratensparen** wird ein zuvor festgelegter monatlicher oder jährlicher Betrag angespart. Die genauen Bedingungen (Laufzeit, Zinsen, Sperrfrist) werden in einem Ratensparvertrag geregelt.

89 Begriffe der Zinsrechnung

Erforschen und Entdecken

1 *Begriffe der Prozent- und Zinsrechnung einander zuordnen*

a) Prozentwert $W = 12{,}50$ €; Grundwert $G = 2500$ €; Prozentsatz $p\% = 0{,}5\%$

b) Prozentwert – Zinsen; Grundwert – Kapital; Prozentsatz – Zinssatz

2 *Aufgabe und Höhe von Zinsen und Zinssätzen erkunden*

Rechercheauftrag; Diskussionsverlauf individuell

Antworten z.B.:

Man erhält Zinsen, weil man der Bank (oder jemand anderem) Geld leiht. Die Bank kann mit dem Geld in der Zwischenzeit „arbeiten", es z.B. in Form eines Kredits anderen zur Verfügung stellen oder das Geld möglichst gewinnbringend anlegen.

Man muss Zinsen bezahlen, wenn man sich Geld im Rahmen eines Kredits von der Bank (oder jemand anderem) leiht.

Zinsen sind unterschiedlich hoch:

Wenn man der Bank Geld leiht, erhält man wesentlich weniger Zinsen, als wenn man sich umgekehrt Geld von der Bank leiht, d. h. einen Kredit aufnimmt. Die Differenz wird z.B. damit begründet, dass Banken bei der Kreditvergabe ein Risiko eingehen, dass der Kredit nicht zurückbezahlt werden könnte. An der Differenz z.B. verdienen Banken ihr Geld.

Für angelegtes Geld erhält man umso mehr Zinsen, je länger man sein Geld der Bank zur Verfügung stellt.

3 *Anlage- und Kreditangebote kritisch prüfen und vergleichen*

a) Diskussionsauftrag; evtl. unverständlich:

exklusiv für SIE: nur Ihnen vorbehalten, nur für Sie

Kredithöhe: Geldbetrag, den man sich bei der Bank leiht

Sofortkredit: Das Geld kann man innerhalb kurzer Zeit erhalten.

b) Die erste Anzeige wirbt für Zinsen auf eine Einlage, die zweite für eine Kreditvergabe. Die Zinsen auf Kredite sind in der Regel deutlich höher (im Beispiel 18%) als die Zinsen auf fest angelegtes Geld (3%). In der Werbung für die Kreditvergabe ist die Kredithöhe begrenzt.

4 *Lösungswege für die Berechnung von Zinsen nachvollziehen und vergleichen*

a) Finja berechnet die Zinsen mit Hilfe des Dreisatzes; Felix verwendet die Zinsformel. Finja berechnet zuerst den Betrag, der 1% entspricht, indem sie das Kapital (100%) durch 100 dividiert. Den 1% entsprechenden Betrag multipliziert sie dann mit 3. Felix setzt die Werte für Kapital und Zinssatz in die Formel ein und erhält das gleiche Ergebnis wie Finja.

b) individuell verschieden, z.B.:

Finjas und Felix' Eltern haben 50 000 € geerbt und legen das Geld nun für ein Jahr zu einem Zinssatz von 3% bei der Bank an.

91 Basisaufgaben

1 *Begriffe der Zinsrechnung gegebenen Werten passend zuordnen*

	Zinssatz	Zinsen	Kapital
a)	2,5%	50 €	2000 €
b)	4%	112 €	2800 €
c)	2%	12 €	600 €

2 *Jahreszinsen für festen Zinssatz im Kopf berechnen*

a) 50 € **b)** 125 € **c)** 210 € **d)** 325 € **e)** 421 € **f)** 193 €

3 *Jahreszinsen im Kopf berechnen*

a) 60 € **b)** 30 € **c)** 12 € **d)** 105 € **e)** 5,35 € **f)** 105 €

4 *Jahreszinsen berechnen*

a) 135 € **b)** 189 € **c)** 765 € **d)** 1500 €

5 *Zinssatz berechnen*

a) 2% **b)** 1% **c)** 5% **d)** 11%

6 *Kapitel berechnen*

a) 200 000 € **b)** 50 000 € **c)** 20 000 € **d)** 2 000 000 €

7 *Werte (Jahreszinsen, Zinssatz, Kapital) passend zuordnen*

a) ① 900 € sind 4% von 22 500 € oder 6% von 15 000 €.
② 1200 € sind 2% von 60 000 € oder 3% von 40 000 €.
③ 600 € sind 8% von 7500 € oder 4% von 15 000 €.

b) ① 80 € von 2000 € sind 4%; 4 € von 100 € sind 4%.
② 40 € von 2000 € sind 2%; 2 € von 100 € sind 2%.
③ 160 € von 2000 € sind 8%; 80 € von 1000 € sind 8%.

c) ① 4% von 2000 € sind 80 €; 2% von 2000 € sind 40 €.
② 4% von 100 000 € sind 4000 €; 2% von 100 000 € sind 2000 €; 5% von 100 000 € sind 5000 €.
③ 4% von 10 000 € sind 400 €.

8 *Zinssätze berechnen*

a) 8% **b)** 6% **c)** 5% **d)** 18% **e)** 9,9% **f)** 8% **g)** 9%

9 *Sachaufgabe: Jahreszinsen und neues Kapital berechnen*

Die Jahreszinsen betragen 9,23 €, das neue Kapital 1239,23 €.

10 *Sachaufgabe: Zinssatz berechnen*

Der Zinssatz beträgt 3%.

91 **11** *Sachaufgabe: Kapital berechnen*

a) 4000 € **b)** 3000 € **c)** 1000 €

12 *Sachaufgabe: Zinsen berechnen und mögliche Verwendung prüfen*

z.B.: Kapital auf der Bank nach einem Jahr:
37 688 291,80 € · 0,9 = 33 919 462,62 €; Anlagesumme: 33 919 462,62 €
Zinsen im ersten Jahr 1 017 583,88 €, das sind ungefähr 2788 € pro Tag.
Fragen zur Aufgabe individuell verschieden, z.B.: Könnte er sich von den Jahreszinsen ein Haus und einen Sportwagen kaufen? Wie viel Zinsen erhält er pro Monat?

92 Methode: Prozent- und Zinsrechnung mit dem Taschenrechner

Am Beispiel zweier handelsüblicher Taschenrechnermodelle wird gezeigt, wie die in der Prozent- und Zinsrechnung erforderlichen Berechnungen mit Hilfe des Taschenrechners durchgeführt werden können.

13 *Prozentwerte mit Hilfe des Taschenrechners berechnen*

a) 11 € **b)** 368 € **c)** 5,88 €

14 *Grundwerte mit Hilfe des Taschenrechners berechnen*

a) 1920 € **b)** 22 478,26 € **c)** 16 666,67 €

15 *Prozentsätze mit Hilfe des Taschenrechners berechnen*

a) 6% **b)** 12,5% **c)** ≈ 4,45%

93 **16** *verschiedene Werte mit Hilfe des Taschenrechners berechnen; TR erkunden*

a) Taschenrechnereingabe **b)** Taschenrechnereingabe **c)** 3; z.B.: [6] [0] [×] [5] [%]
d) Taschenrechnereingabe **e)** 57,5

17 *Prozentwerte mit Hilfe des Taschenrechnerspeichers berechnen*

a) 1. Zeile: 8%, also 0,08 werden dem Speicherplatz 1 übergeben und mit 32 multipliziert, das Ergebnis 2,56 sind die 8% von 32.
2. Zeile: Der Speicherplatz 1, in dem die 0,08 stehen, wird aufgerufen und mit 44 multipliziert, das Ergebnis 3,52 entspricht 8% von 44.
3. Zeile: analog zur zweiten
b) 4,8; 7,6; 8,64; 9,68; 17,6
c) 8,55; 14,44; 15,77; 17,29; 27,36; 40,47
d) 22,4; 31,68; 99,84; 135,68; 231,68; 329,6
e) 10,62; 15,93; 17,11; 87,32; 113,87; 172,87; 295
f) 26,64; 203,76; 275,04; 281,52; 288,72; 620,64

18 *Prozentwerte berechnen (mit TR)*

a) 1,25; 1,75; 4; 6; 16,5; 20 **b)** 59,175; 42,3; 26,4; 241,125
c) 10,08; 28,8; 39,36; 53,28; 296,16 **d)** 4,93; 75,69; 109,62; 1012,68; 1800,61
e) 195,975; 315,25; 3425,5; 7586,8 **f)** 2426,76; 5610,78; 10 476,06; 25 146,24

93 **19** *Grundwerte berechnen (mit TR)*

a) 9000; 12 200; 30 000; 45 000; 1 250 000
b) 7000; 8520; 9000; 12 000; 145 000
c) 800; 1700; 4530,4; 7800; 10 000
d) 600; 900; 1200; 3600; 9000
e) 300; 500; 1000; 1200; 4500
f) ≈217,95; ≈608,97; ≈1793,59; ≈7475,51; ≈12 821,79
g) ≈135,85; 1000; ≈2078,52; ≈4197,09
h) $0{,}9\overline{027}$; $8{,}\overline{828}$; $144{,}\overline{126}$; $180{,}\overline{756}$

20 *Prozentsätze von Größen berechnen (mit TR); Einheiten beachten*

a) ≈1,0% **b)** ≈46,4% **c)** ≈14,2% **d)** ≈5,6% **e)** ≈1,9% **f)** ≈6,3%

21 *Grundwerte, Prozentsätze und Prozentwerte berechnen (mit TR), sinnvoll runden*

a) 7,60 € **b)** 30,5 m **c)** 25% **d)** 47,06 cm

22 *Sachaufgaben: Mehrwertsteuer, Bruttopreis, Preissenkung berechnen (mit TR)*

a) Mehrwertsteuer 164,92 €; Endpreis 1032,92 € **b)** Preiserlass 7,63 €

23 *Schätzaufgaben rund um den Taschenrechner (Fermi-Aufgaben)*

a) individuelle Ergebnisse; nötige Überlegungen: Wie viele Schüler gibt es an der Schule, wie viele Familien ergibt das, wenn man Geschwisterkinder berücksichtigt? Wie viele Taschenrechner pro Familie gibt es?
b) Bei einer angenommenen durchschnittlichen Taschenrechnergröße von 100 cm^2 belegen 100 Taschenrechner einen Quadratmeter.
c) individuelle Ergebnisse; nötige Überlegungen: Wie Haushalte gibt es in Deutschland? (etwa 40 Millionen Privathaushalte) Wie viele Taschenrechner pro Haushalt gibt es?

24 *Jahreszinsen mit dem Dreisatz berechnen*

a) 5025 € **b)** 52,50 €; 4252,50 € **c)** 104,31 €; 1934,31 €
d) 177,75 €; 4127,75 € **e)** 340,20 €; 4540,20 € **f)** 304,50 €; 4654,50 €
Lösungswort: ANGOLA (Kontinent: Afrika)

94 **25** *Kapital berechnen (mit TR)*

a) 3000 € **b)** 450 € **c)** 83 € **d)** 130 € **e)** 465 €

26 *Sachaufgabe: Zinssatz berechnen*

Der Zinssatz betrug 11,5%.

27 *Sachaufgabe: Zinssatz berechnen*

Familie Berns hat den Kredit zum Zinssatz von 7% erhalten.

28 *Sachaufgabe: Startkapital berechnen*

Sie müsste 50 000 € einzahlen.

94 **29** *Sachaufgabe: Zinsbelastung (jährlich/monatlich) durch einen Kredit berechnen*
Die Zinsbelastung beträgt im ersten Jahr 3240 €.
Das sind monatlich 270 €.

30 *Sachaufgabe zur Alfred-Nobel-Stiftung: Kapital berechnen*
4,2 Mio. € + 9,8 Mio. € = 14 Mio. €
4% entsprechen 14 Mio. €, also beträgt das Kapital 350 Mio. €.

31 *Sachaufgabe: Lottogewinn zu verschiedenen Konditionen anlegen*
① Zinsen: 60 800 € ② Zinsen: 60 500 € ③ Zinsen: 60 900 €
Maximal können 60 900 € durch Angebot ③ erzielt werden.

Weiterführende Aufgaben

32 *Sachaufgabe: verschiedene Anlageformen vergleichen*

a)

Anlageform	Jahreszinsen bei einem Startkapital von ...		
	... 7000 €	... 1200 €	... 5500 €
Start-Girokonto	14,00 €	2,40 €	11,00 €
Geldmarktkonto	--	1,20 €	5,50 €
Festzinssparen (1 Jahr)	21,00 €	--	16,50 €

b) Vorteile (+) und Nachteile (−):
Start-Girokonto +: keine Mindest- oder Maximalanlage; Geld jederzeit verfügbar;
−: nur bis 17 Jahre; Zinssatz niedriger als beim Festgeldsparen
Geldmarktkonto +: kein Höchstalter; Geld jederzeit verfügbar
−: geringster Zinssatz; Höchstanlagebetrag
Festzinssparen +: höherer Zinssatz; kein Höchstalter; kein Höchstanlagebetrag
−: Mindestanlagebetrag; Geld ein Jahr nicht verfügbar

33 *Sachaufgabe: Kredithöhe und Zinssatz (3 Alternativen) für gegebene Zinsen berechnen*
individuell verschieden, z.B.
Zinssatz 10%/Kreditsumme 5500 €
Zinssatz 9%/Kreditsumme 6111,11 €

34 *Zinssatz, Kapital, Jahreszinsen, neues Kapital berechnen*

	Zinssatz p%	Kapital K (alt)	Jahreszinsen Z	Kapital (neu)
a)	2,5%	2150 €	**53,75 €**	**2203,75 €**
b)	**6%**	3300 €	198 €	**3498 €**
c)	4%	**7410 €**	296,40 €	**7706,40 €**
d)	**2%**	1850 €	**37 €**	1887 €
e)	**9,5%**	2340 €	**222,30 €**	2562,30 €

94 **35** *Höhe von Zinssätzen bei verschiedenen Kredithöhen begründen*
Die Zinssätze steigen mit der Höhe des gewährten Kredits von 12,5% über 15% auf fast 57%. Gründe dafür sind z.B.: Es wird in der Zeitungsanzeige mit sofortiger Auszahlung geworben. Das könnte darauf hindeuten, dass keine sorgfältige Prüfung des Risikos für den Kreditgeber erfolgt. Dieses erhöhte Risiko, dass insbesondere hohe Kreditbeträge vom Kreditnehmer unter Umständen nicht zurückbezahlt werden können, lässt sich die Bank in Form von höheren Zinsen bezahlen.

95 Tageszinsen und Zinseszinsen berechnen

Erforschen und Entdecken

1 *Lösungswege zur Berechnung von Tageszinsen erkunden*
a) z.B.: $Z = 600\ € \cdot 0{,}0075 : 2 = 2{,}25\ €$
b) z.B.: $Z = 600\ € \cdot 0{,}0075 : 12 \cdot 2 \approx 0{,}75\ €$ oder (tagesgenau)
$Z = 600\ € \cdot 0{,}0075 \cdot ((31 + 28) : 365) \approx 0{,}73\ €$
c) z.B.: $Z = 600\ € \cdot 0{,}0075 \cdot (82 : 365) \approx 1{,}01\ €$
In **b)** und **c)** wurde mit 365 Tagen gerechnet, die Banken rechnen jedoch mit 360 Tagen.

2 *Auswirkung von verschieden hohen Zinssätzen untersuchen*
Es kommt auf die Kredithöhe (und die Laufzeit) an.
Bei einer Kredithöhe von 1000 € sind 0,5% lediglich 5 €. Bei einem Kredit in Höhe von 200 000 €, z.B. für einen Hauskauf, entsprechen 0,5% bereits 1000 € jährlich. Hat man den Kredit – wie bei größeren Summen üblich – über mehrere Jahre angelegt, so summiert sich dazu noch die Wirkung von 0,5% über die Zeit auf.

3 *Zinseszinsen berechnen, darstellen und vergleichen*

a)

nach ... Jahren	Lars' Guthaben	Robins Guthaben
1	10 000 €	10 160,00 €
2	10 000 €	10 322,56 €
3	10 000 €	10 487,72 €
4	10 000 €	10 655,52 €
5	10 000 €	10 826,01 €
6	10 000 €	10 999,23 €
7	10 000 €	11 175,22 €
8	10 000 €	11 354,02 €
9	10 000 €	11 535,68 €
10	10 000 €	11 720,26 €

b)

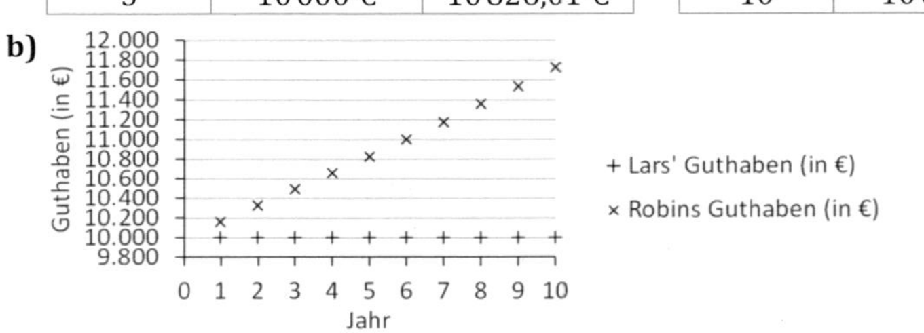

c) Gesamtzinsen bei Abholung nach 10 Jahren: 1720,26 €
Gesamtzinsen, wenn sie jährlich abgeholt werden: $10 \cdot 160\ € = 1600\ €$

95 **4** *grafische Darstellung eines Kapitalwachstums mit Zinseszinsen interpretieren*
Der Zinssatz beträgt 3 %. Die Zinsen betragen 3 €, 6,09 €, ≈9,27 €, ≈12,55 € und ≈15,93 € nach einem, zwei, drei, vier, bzw. fünf Jahren.
Nach Augenmaß liegen die Kreuze alle auf einer Geraden. Legt man jedoch ein Lineal oder Geodreieck an, so erkennt man, dass die oberen Kreuze etwas oberhalb der Geraden liegen. Der Grund dafür ist, dass die Zinsen nicht nach jedem Jahr abgehoben, sondern im nächsten Jahr mitverzinst werden. Die dargestellte Zuordnung ist deshalb nicht linear.

97 Basisaufgaben

1 *Zeitintervalle (Monate) als Bruchteile eines Jahres angeben*
a) $\frac{1}{12}$ **b)** $\frac{1}{6}$ **c)** $\frac{1}{4}$ **d)** $\frac{1}{2}$ **e)** $\frac{2}{45}$ **f)** $\frac{1}{8}$ **g)** $\frac{3}{20}$ **h)** $\frac{5}{12}$ **i)** $\frac{7}{12}$

2 *Anzahl von Zinstagen bestimmen*
a) 60 **b)** 210 **c)** 150 **d)** 192 **e)** 105

3 *Zinstage für Zeitintervalle berechnen*
a) $4 \cdot 30 = 120$ Zinstage **b)** $3 \cdot 30 + 18 = 108$ Zinstage
c) $(30 - 4) + 5 \cdot 30 + 13 = 189$ Zinstage **d)** $(30 - 10) + 2 \cdot 30 + 24 = 104$ Zinstage
Lösungswort: LAOS; Kontinent: Asien

4 *Zinsen für einfache Zeitintervalle im Kopf berechnen*
a) 100 € **b)** 20 € **c)** 80 € **d)** 100 € (pro Monat)

5 *Sachaufgabe: Tageszinsen berechnen*
Er muss 3,07 € zahlen.

6 *Kreditzinsen berechnen*
Die Ergebnisse sind auf den Cent auf- bzw. abgerundet.
a) 53,79 € **b)** 314,50 € **c)** 64,31 € **d)** 501,11 €

7 *Zinstage und Kreditzinsen berechnen*
a) 47 Tage, also 54,64 € **b)** 99 Tage, also 262,49 € **c)** 170 Tage, also 321,63 €

8 *Sachaufgabe zu falscher Zinssatzberechnung: Fehler finden und Zinssatz für ein Jahr berechnen*
Eric hat den Zinssatz pro Monat berechnet. Üblicherweise werden jedoch der Zinssatz pro Jahr angegeben, um gut vergleichen zu können. Eric zahlt einen Zinssatz von 60 % p.a.

9 *Sachaufgabe: Startkapital bei gegebenen monatlichen Zinsen und Zinssatz berechnen*
Er muss 1 050 000 € anlegen.

10 *Sachaufgabe: Startkapital berechnen*
$(50\,€ \cdot 365) : \frac{2{,}5}{100} = 730\,000\,€$ Das Vermögen beträgt 730 000 €.

97 **11** *Festgeldzinsen berechnen und mit normalen Sparzinsen vergleichen*
a) 6 Monate = 180 Tage; Zinssatz: 1,0 %; Zinsen: 125 €
b) Aufgaben individuell verschieden
c) Auf Festgeldkonten wird das Geld für eine vorher vereinbarte Zeit fest angelegt, d.h. der Anleger kann während dieser Zeit nicht über sein Geld verfügen. Daher kann die Bank in diesem Zeitraum mit dem Geld anderweitig „Geld verdienen", es z.B. höher verzinst als Kredit verleihen.

12 *Zinsaufgaben und passende Werte einander zuordnen*
① 50 € ② 7500 € ③ 14,4 % ④ 120 Tage

98 Weiterführende Aufgaben

13 *Zinstage aus gegebenem Kapital, Zinsen und Zinssatz berechnen*
a) 32 **b)** 45 **c)** 72 **d)** 240

14 *Kosten für einen Kredit berechnen*
Zinsen: 554,17 €; Kosten inklusive Bearbeitungsgebühr: 584,17 €

15 *Lerntagebuch: Entstehung von Zinseszinsen mit eigenen Worten erklären*
Erklärungsauftrag, z.B. Legt man ein Kapital für länger als ein Jahr an und hebt die Zinsen nicht am Ende des Jahres ab, so werden diese Zinsen im nächsten Jahr wieder mitverzinst.

16 *Kapital nach zwei Jahren schrittweise berechnen*

	a)	**b)**	**c)**	**d)**
Kapital K	190 €	320 €	570 €	60 €
Zinssatz p %	1,5 %	2,2 %	3,1 %	**2,5 %**
Zinsen für das 1. Jahr	**2,85 €**	**7,04 €**	**17,67 €**	1,50 €
Kapital am Beginn des 2. Jahres	192,85 €	**327,04 €**	**587,67 €**	**61,50 €**
Zinsen für das zweite Jahr	**2,89 €**	**7,19 €**	**18,22 €**	**1,54 €**
Kapital nach 2 Jahren	**195,74 €**	**334,23 €**	**605,89 €**	**63,04 €**

17 *Zinseszinsen berechnen*
a) 1. Jahr: 3850,00 €; 2. Jahr: 4235,00 €; 3. Jahr: 4658,50 €; 4. Jahr: 5124,35 €
b) 1. Jahr: 10 950,00 €; 2. Jahr: 11 990,25 €
c) 1. Jahr: 1232,00 €; 2. Jahr: 1379,84 €; 3. Jahr: 1545,42 €

18 *Sachaufgabe: Zinseszinsen berechnen*
1. Jahr: 2592,50 €; 2. Jahr: 2688,42 €; 3. Jahr: 2787,89 €; 4. Jahr: 2891,05 €

19 *Sachaufgabe: Startkapital berechnen*
Sie hat 45 000 € angelegt. (Die Zinsen für ein Jahr würden 1530 € betragen.)

20 *Sachaufgabe: Zinssatz in Zeitungsanzeige berechnen*
$(12 \cdot 20) : 1500 = 0{,}16$ Der Zinssatz beträgt 16 %.

98 **21** *Sachaufgabe: Kreditangebote vergleichen*
Kreditkosten: A 22 500 €; B 25 060 €; C 24 400 €; D 22 520 €
Das Angebot A ist am günstigsten.

22 *grafische Darstellung des Kapitalwachstums manipulieren*
Man könnte z.B. die *y*-Achse (Kapital in €) bei 100 € beginnen lassen.
Darstellung individuell verschieden

23 *Verdopplungszeit für gegebenes Kapital und Zinssätze berechnen*
Zielgerichtetes Probieren ergibt, dass dies nach etwas mehr als 8 Jahren geschehen ist (bei einem Zinssatz von 9,5 %).
Bei einem Zinssatz von 10,5 % dauert es ca. 7 Jahre, bis das Kapital doppelt so groß ist.

99 Rund um das Girokonto

Auf dieser Themenseite wird insbesondere das Thema Dispositionskredit behandelt. Zunächst sollen die Schüler Erkundigungen über Jugendgirokonten und deren Vor- und Nachteile einholen. In den Aufgaben 2 bis 5 werden verschiedene Fälle beschrieben, in denen jeweils das Girokonto mit Hilfe des Dispositionskredits überzogen wurde. Die Schülerinnen und Schüler sollen die anfallenden Zinsen berechnen und in Aufgabe 3 die Entwicklung über mehrere Jahre übersichtlich darstellen.
Es wird jeweils dazu angeregt Alternativen zur kostspieligen Kontoüberziehung zu finden.

1
Rechercheübung, z.B.
Bedingungen für die Eröffnung eines Jugendgirokontos ist die Zustimmung der Eltern. Es darf nicht überzogen werden. Das Konto sollte gebührenfrei sein und ohne einen monatlichen Mindesteingang eröffnet werden können. Man sollte auch darauf achten, dass es viele Automaten in der Umgebung gibt, bei denen man Zugang zum Konto hat.

2
Mit dem Dispositionskredit müsste sie 166,75 € Zinsen zahlen.
Anne könnte z.B. versuchen, sich stattdessen das Geld bei ihren Eltern oder Verwandten zu leihen.
Erklärung des Begriffs „Dispositionskredit": siehe Lösung zu NACHGEDACHT auf Seite 89.

3
a)

	nach ... Jahren						
	1	2	3	4	5	6	7
Schulden (in €)	1120,00	1254,40	1404,93	1573,52	1762,34	1973,82	2210,68

Diagramm z.B.: *x*-Achse (Jahre) von 0 bis 7; *y*-Achse (Schulden in €) von 1000 bis 2500.
b) Die Schulden haben sich nach etwas mehr als 7 Jahren verdoppelt.

99 **4**
a) 1,17 €
b) Zinsen: 11,68 € Er müsste insgesamt 301,68 € zahlen.
c) individuelle Antworten, z.B.:
Herr Becker könnte mit dem Kauf des Fernsehers warten, bis er das Geld angespart hat.
Herr Becker könnte versuchen sich das Geld von Freunden zu leihen.
Herr Becker könnte den Fernseher mit einem Ratenkredit im Fachgeschäft kaufen.
d) individuelle Antworten, z.B.
Für eine solche Finanzierung spricht die flexible, schnelle und einfache Handhabung.
Dagegen spricht, dass der Zinssatz sehr hoch ist.

5
Der Kunde muss 19,69 € bezahlen.

100 Methode: Raten berechnen mit einer Tabellenkalkulation

In den Aufgaben 1 und 3 sollen die Schülerinnen und Schüler zunächst erklären, mit Hilfe welcher Formeln man zum gewünschten Ergebnis gelangen kann bzw. weshalb welche Formeln verwendet werden müssen. Diese Aufgaben können auch ohne Computereinsatz behandelt werden. In Aufgabe 2 werden zwei verschiedene Ratensparmodelle vorgestellt, die miteinander verglichen werden sollen. Die Berechnungen können auf herkömmliche Art im Heft erfolgen, Schüler mit etwas Erfahrung mit Tabellenkalkulationsprogrammen können die Aufgabe auch mit einem eigenen Tabellenblatt zu lösen. Dieses kann sich für Sparplan A an dem für Ida in Aufgabe 1 gezeigten Tabellenblatt orientieren; lediglich für Sparplan B muss der steigende Zinssatz in eine passende Formel übersetzt werden.
In den Aufgaben 4 bis 7 sollen die Schüler selbst Tabellenblätter anlegen und Berechnungen durchführen.

1 *Aufbau der Tabelle zum Ratensparplan nachvollziehen*
a) jährliches Anwachsen des Kapitals aus den Zinsen und Zinseszinsen für die ersten 6 Jahre
b) Die Inhalte in den Zellen B5 bis D10 ändern sich, weil bei Veränderung in B2 die jährliche Einzahlung und damit alle Zinsen und jedes Kapital verändert wird.
(Alle anderen Zellen nehmen direkt oder indirekt auf B" Bezug.)
c) in Zelle C6
Sie berechnet die Jahreszinsen auf das in B6 angegebene Kapital, indem das Kapital in B6 mit dem Zinssatz in Zelle C2 multipliziert wird.
d) verschiedene Möglichkeiten, z.B.
Zu Beginn steht in Zelle B5 die erste Rate, die in Zelle B2 eingetragen wurde. Die Zinsen nach Ablauf des ersten Jahres werden in Zelle C5 berechnetet, indem das Kapital in Zelle B5 mit dem Zinssatz aus Zelle C2 multipliziert wird. In Zelle D5 werden die errechneten Zinsen zum bisherigen Kapitel addiert (240 € + 7,2 €). Für das nächste Jahr wird die Rate (240 €) zum Kapital am Jahresende addiert (247,2 € + 240 €).
Nun beginnt der gleiche Ablauf von vorne: Zinsen berechnen, zum Kapitel addieren, neue Rate addieren, ...

100 **1** (Fortsetzung)

e) verschiedene Möglichkeiten, z.B.
- von Jahr 5 bis Jahr 9 weiterrechnen wie in d) beschrieben (im Heft).
- Formeln runterkopieren bis Jahr 9, dort Kapital am Jahresende ablesen in Zelle D14 (2833,87 €)

2 *Ratensparpläne vergleichen*

Berechnung z.B. mit einer Tabellenkalkulation:

	A	B	C	D	E	F	G	H
1		Plan A					Plan B	
2		jährliche Sparrate	Festzinssatz			jährliche Sparrate	anfänglicher Zinssatz	jährliche Steigerung
3		4.800 €	2,50%			4.800 €	1,90%	0,20%
4								
5	Jahr	Kapital am Jahresanfang	Jahres-zinsen	Kapital am Jahresende		Kapital am Jahresanfang	Jahres-zinsen	Kapital am Jahresende
6	1	4.800,00	120,00	4.920,00		4.800,00	91,20	4.891,20
7	2	9.720,00	243,00	9.963,00		9.691,20	203,52	9.894,72
8	3	14.763,00	369,08	15.132,08		14.694,72	337,98	15.032,69
9	4	19.932,08	498,30	20.430,38		19.832,69	495,82	20.328,51
10	5	25.230,38	630,76	25.861,14		25.128,51	678,47	25.806,98
11	6	30.661,14	766,53	31.427,66		30.606,98	887,60	31.494,58
12	7	36.227,66	905,69	37.133,36		36.294,58	1.125,13	37.419,72
13	8	41.933,36	1.048,33	42.981,69		42.219,72	1.393,25	43.612,97
14	9	47.781,69	1.194,54	48.976,23		48.412,97	1.694,45	50.107,42
15	10	53.776,23	1.344,41	55.120,64		54.907,42	2.031,57	56.938,99

Die Berechnung der Zinsen mit jährlich steigendem Zinssatz in Plan B mit Hilfe der Tabellenkalkulation z.B.: G6 =F6*G3; G7 =F7*(G3+A6*H3)
Man sollte Idas Bruder den Ratensparplan B empfehlen. Er hätte damit am Ende der 10 Jahre ein Kapital von 56 938,99 € angespart. Nach Plan A wären es nur 55 120,64 €.

101 **3** *Tabelle zum Ratensparplan nachvollziehen; Formeln angeben*

a) Am Jahresende werden die Zinsen des ersten Jahres (C5) zum Kapital (B5) dazugerechnet.
b) Es ist sinnvoll, da das Anfangskapital gleich der jährlichen Sparrate ist. Wenn die Rate geändert wird, ändert sich gleich der ganze Plan mit.
c) Es handelt sich um einen absoluten Zellbezug, bei dem die Adresse „festgehalten" wird.
d) D6 =B6+C6 C6 =B6*C2 B6 =D5+B2

4 *Kapitalentwicklung eines Ratensparplans mit einer Tabellenkalkulation berechnen*

a) 1071,15 € **b)** 1554,65 € **c)** 11 973,64 € **d)** 33 676,27 €

5 *Kapitalentwicklung eines Ratensparplans mit einer Tabellenkalkulation berechnen*

Arbeit mit einer Tabellenkalkulation

Bernds Mutter hat nach 10 Jahren (bei 365 Tagen pro Jahr) 20 682,30 € gespart.

101 **5** (Fortsetzung)

	A	B	C	D
1			Festzinssatz	jährliche Sparrate
2			2,75%	1.825,00 €
3				
4	Jahr	Kapital am Jahresanfang	Jahres-zinsen	Kapital am Jahresende
5	1	0,00	0,00	1.825,00 €
6	2	1.825,00	50,19	3.700,19
7	3	3.700,19	101,76	5.626,94
8	4	5.626,94	154,74	7.606,68
9	5	7.606,68	209,18	9.640,87
10	6	9.640,87	265,12	11.730,99
11	7	11.730,99	322,60	13.878,59
12	8	13.878,59	381,66	16.085,25
13	9	16.085,25	442,34	18.352,60
14	10	18.352,60	504,70	20.682,30

6 *Tabellenblatt erläutern und selbst erstellen*

Ein Anlagebetrag wird fest angelegt. Während der Laufzeit steigt der Zinssatz gleichmäßig um 0,5 %. Die Zinsen werden mitverzinst.

a)

		C7	=B3	D7	=B7*C7	
B8	=B7+0,005	C8	=C7+D7	D8	=B8*C8	usw.

b) Arbeit mit einem Tabellenkalkulationsprogramm
c) individuell verschieden

7 *Tabellenblatt für Ratensparpläne erläutern und erstellen; Berechnungen anstellen*

a) Auf dem Tabellenblatt sind die Sparpläne von Frau A und Herrn B ausschnittweise dargestellt. Zu sehen ist deren Kapitalentwicklung bis zum Alter von 26 Jahren.
b) Arbeit mit einem Tabellenkalkulationsprogramm
c) Frau A: 14 000 € eingezahlt; Nettogewinn 1 025 105,35 €
Herr B: 30 000 € eingezahlt; Nettogewinn 803 074,10 €
d) Frau A: mehr als 73-facher Einsatzgewinn
Herr B: ca. 26-facher Einsatzgewinn

102 Methode: Kredite und Tilgung mit Tabellenkalkulation

Während es auf der vorhergehenden Methodenseite um das Ansparen von Kapital ging, ist hier umgekehrt die Tilgung von Krediten das Thema. Wieder wird die jährliche Kapitalentwicklung betrachtet, aber zusätzlich zu den von der Bank erhobenen Zinsen müssen die Tilgungsraten mit aufgenommen werden.
Das Thema eignet sich hervorragend zum Erforschen von Kreditanzeigen in Zeitungen oder Ratenzahlungsangebote in den verschiedenen Katalogen.

1 *gegebenen Tilgungsplan erläutern und vervollständigen*

a) 17 790 €
b) (Restschuld + Zinsen) minus Tilgungsrate
c) Nach 6 Jahren hat er 585,91 € Restschuld. Nach 7 Jahren ist er schuldenfrei.

102 **2** *gegebenen Tilgungsplan erläutern; Formeln angeben*

a) jährliche Rate 1000 €; Zinssatz 6%

b) 6406,94 €

c) Es werden 6% von 9000 € berechnet.
Das Dollarzeichen bewirkt, dass die Zelle D3 konstant bleibt.
Wichtig: Die Zelle muss im Format „Prozent" eingerichtet sein, sodass sich hinter der Anzeige 6% der Dezimalwert 0,06 verbirgt.

d) =D7−E7

103 **3** *Tilgungsplan mit Tabellenkalkulation erstellen und interpretieren*

Tabellenblatt z.B.:

	A	B	C	D	E	F
1						
2						
3	Darlehen	1.250,00 €	Zinssatz	6,50%	Raten (jährlich)	250,00 €
4						
5	Jahr	Restschuld	Zinsen	Restschuld + Zinsen	Tilgungsrate	Restschuld nach Tilgung
6	1	1.250,00	81,25	1.331,25	250,00	1.081,25
7	2	1.081,25	70,28	1.151,53	250,00	901,53
8	3	901,53	58,60	960,13	250,00	710,13
9	4	710,13	46,16	756,29	250,00	506,29
10	5	506,29	32,91	539,20	250,00	289,20
11	6	289,20	18,80	308,00	250,00	58,00
12	7	58,00	3,77	61,77	61,77	0,00

Im 7. Jahr kann er die Restschulden und Zinsen in Höhe von 61,77 € begleichen. Sascha hat dann 311,77 € Zinsen bezahlt. Das sind fast 25% des Darlehens.

4 *Tilgungsplan mit verschiedenen Tilgungsraten erstellen und interpretieren*

a) Tabelle individuell verschieden
Der Kredit ist nach 6 Jahren vollständig getilgt. Im 6. Jahr betragen Restschuld und Zinsen 179,71 €.

b)

Raten in €	50	100	150	200	250	300	350	400	450	500
Jahr der Tilgung	nie	20	12	6	5	4	4	3	3	3

5 *Tilgungsplan erstellen und interpretieren*

individuell verschiedene Ergebnisse

	3 Monate	6 Monate	12 Monate
Stereoanlage	Zins 1,58 € Rate 63,25 €	Zins 2,77 € Rate 31,96 €	Zins 5,15 € Rate 16,18 €
Spielkonsole	Zins 2,07 € Rate ca. 83,70 €	Zins 3,64 € Rate ca. 42,11 €	Zins ca. 6,78 € Rate ca. 21,32 €
Laptop	Zins ca. 7,49 € Rate ca. 302,17 €	Zins 13,13 € Rate ca. 152,02 €	Zins ca. 24,48 € Rate ca. 76,96 €

103 **6** *Tilgungsplan erstellen und interpretieren*

Tilgungsplan z.B.:

	A	B	C	D	E	F	G	H
1	Darlehen	110.000,00 €	Zinssatz	4,80%	Raten (jährlich)	14.400,00 €	Raten (ab 6. Jahr)	7.200,00 €
2								
3	Jahr	Restschuld	Zinsen	Restschuld + Zinsen	Tilgungsrate	Restschuld nach Tilgung		
4	1	110.000,00	5.280,00	115.280,00	14.400,00	100.880,00		
5	2	100.880,00	4.842,24	105.722,24	14.400,00	91.322,24		
6	3	91.322,24	4.383,47	95.705,71	14.400,00	81.305,71		
7	4	81.305,71	3.902,67	85.208,38	14.400,00	70.808,38		
8	5	70.808,38	3.398,80	74.207,18	14.400,00	59.807,18		
9	6	59.807,18	2.870,74	62.677,93	7.200,00	55.477,93		
10	7	55.477,93	2.662,94	58.140,87	7.200,00	50.940,87		
11	8	50.940,87	2.445,16	53.386,03	7.200,00	46.186,03		
12	9	46.186,03	2.216,93	48.402,96	7.200,00	41.202,96		
13	10	41.202,96	1.977,74	43.180,70	7.200,00	35.980,70		
14	11	35.980,70	1.727,07	37.707,78	7.200,00	30.507,78		
15	12	30.507,78	1.464,37	31.972,15	7.200,00	24.772,15		
16	13	24.772,15	1.189,06	25.961,21	7.200,00	18.761,21		
17	14	18.761,21	900,54	19.661,75	7.200,00	12.461,75		
18	15	12.461,75	598,16	13.059,91	7.200,00	5.859,91		
19	16	5.859,91	281,28	6.141,19	7.200,00	-1.058,81		

Im 16. Jahr ist eine Restschuld von 6141,19 € zu begleichen. Familie Fels ist also nach 16 Jahren schuldenfrei.

7 *Tilgungsplan erstellen und interpretieren*

a) Nach 23 Jahren wäre man schuldenfrei. Es wurden 67 776,63 € Zinsen gezahlt.

b) Aussage 1 ist falsch, da die Tilgungsrate dann ebenfalls doppelt so groß ist.
Aussage 2 ist falsch. Auch hier ist die Tilgungsrate entsprechend höher.
Aussage 3 ist falsch.

c), d) individuell verschieden

104 Vermischte Übungen

1 *Jahreszinsen im Kopf berechnen*

a) 5 € **b)** 10 € **c)** 15 € **d)** 4 €
e) 8 € **f)** 12,50 € **g)** 2,20 € **h)** 32,10 €

2 *Sachaufgabe: Zinsen berechnen*

2587,50 €

3 *Jahreszinsen berechnen*

a) 3,30 € **b)** 42,50 € **c)** 3,31 € **d)** 0,75 €
e) 15,50 € **f)** 112,50 € **g)** 169 € **h)** 73,37 €
Lösungswort: SURINAME (Kontinent: Südamerika)

104 **4** *Zinsen berechnen und Proportionalität erkennen*

a) Ergebnisse: 100 €; 200 €; 300 €; 400 €; 500€
Bei einer Erhöhung des Zinssatzes um immer den gleichen Betrag (hier: 2%) wachsen bei festem Kapital die Zinsen ebenfalls um immer den gleichen Betrag (hier: 100 €). Zinssatz und Zinsen verhalten sich proportional zueinander.

b) Ergebnisse: 3 €; 15 €; 30 €; 60 €; 150 €
Bei festem Zinssatz wachsen die Zinsen mit Erhöhung des Kapitals um den gleichen Faktor. Zinsen und Kapital verhalten sich proportional zueinander.

5 *Sätze zur Proportionalität von Kapital, Zinsen und Zinssatz vervollständigen*

a) doppelt; zehnfach **b)** doppelt; fünffach

6 *Kapital im Kopf berechnen*

a) 2000 € **b)** 32 € **c)** 1200 € **d)** 60 € **e)** 300 € **f)** 600 €

7 *Sachaufgabe: Sollzinsen berechnen und Kreditangebote vergleichen*

a) Zinsen nach 5 Monaten: 3 €; nach einem Jahr: 7,20 €
Er müsste 6 € bzw. 10,20 € zurückzahlen.

b) Mister Wuchers Zinssatz beträgt 240%. Hänschen sollte sich also lieber an die Bank wenden (dort werden aber keine so geringen Beträge verliehen).

8 *Zinsen für Teile eines Jahres berechnen*

a) 0,20 € **b)** 0,10 € **c)** 0,02 € **d)** 0,14 € **e)** 0,18 €

9 *Zinsen für eine vorgegebene Anzahl von Tagen berechnen*

a) 1,77 € **b)** 2,74 € **c)** 26,99 € **d)** 40,75 €

10 *Sachaufgabe: Zinsen für eine Anzahl von Monaten berechnen*

240,50 € Zinsen; insgesamt 18 740,50 €

105 **11** *Anzahl der Zinstage bestimmen*

a) 90 **b)** 89 **c)** 88 **d)** 44 **e)** 47 **f)** 82

12 *Zinsen für vorgegebene Zeiträume berechnen*

a) 62 Tage; 2,67 € **b)** 32 Tage; 4,60 € **c)** 135 Tage; 29,91 € **d)** 30 Tage; 1,92 €

13 *Zinsen und Zeiträume bei Kontoständen vervollständigen*

Datum	Tage	Guthaben	Zinsen
01.01.	90	256 €	**1,18 €**
01.04.	**79**	631 €	**2,56 €**
20.06.	**161**	791 €	**6,54 €**
01.12.	30	41 €	**0,06 €**
31.12.	Zinsen für das Jahr gesamt:		**10,34 €**

105 **14** *Kapital, Zinssätzen und (Jahres-)Zinsen berechnen*

a) 18,54 € **b)** 3,50% **c)** 687,50 € **d)** 900 € **e)** 13,30% **f)** 30,26 € **g)** 3500 €

15 *Sachaufgabe: Zinsen und Sollzinssatz berechnen*

a) 1650 € **b)** 11%

16 *Sachaufgabe: Zinssätze berechnen*

a) 5% **b)** 6,5%

17 *Sachaufgabe: Zinssatz berechnen*

Der Zinssatz beträgt 4%.

18 *fehlende Angaben in Tabelle (Zinssatz, Laufzeit, Zinsen) berechnen*

a) Zinsen 115 €; Jahreszinsen 345 €
b) Zinsen 6,25 €; Jahreszinsen 12,50 €
c) Zinssatz 7,5%; Laufzeit 4 Monate
d) Laufzeit 126 Tage; Jahreszinsen 10 €
e) Zinsen 182 €; Jahreszinsen 455 €

19 *Sachaufgabe: Zinssatz und Zinsen für zwei Jahre berechnen*

7,5% Zinsen; nach zwei Jahren insgesamt 4911,41 €

20 *Sachaufgabe: Skonto und Überziehungszinsen berechnen*

a) Der Nachlass beträgt 13 €.

b) Wenn er sein Konto nicht länger als 57 Tage überzieht, lohnt es sich für ihn, denn aus $650\ € \cdot 0{,}125 \cdot (x : 360) = 13\ €$ folgt $x = 57{,}6$.

21 *Sachaufgabe: Zinsen für drei Jahre berechnen*

Kapital nach einem Jahr: 800,00 € + 56,00 € Zinsen = 856,00 €
Kapital nach zwei Jahren: 856,00 € + 59,92 € Zinsen = 915,92 €
Kapital nach drei Jahren: 915,92 € + 64,11 € Zinsen = 980,03 €
Alexa erhält von Lars nach drei Jahren 980,03 €.

22 *Sachaufgabe: Kreditangebote vergleichen*

Sie sollte sich für den Kredit entscheiden, denn die Kreditkosten betragen 40 €. Für die Kontoüberziehung hätte sie 47,50 € Zinsen zu zahlen.

106 **23** *Aussage über „verschenkte Zinserträge" recherchieren und erläutern*

Rechercheauftrag; Sparer suchen nicht immer nach bester Anlageform

24 *Sachaufgabe: Zinssatz aus der Höhe der Tageszinsen berechnen*

3,60 € Zinsen entsprechen einem jährlichen Zinssatz von 36%.

106 **25** *Schuldenentwicklung bei Wucherzinssätzen vergleichen und erläutern*

a) Aus 1 € Schulden werden nach 10 Jahren ...
... bei einem Zinssatz von 5%: ≈1,60 € Schulden.
... bei einem Zinssatz von 10%: ≈2,60 € Schulden.
... bei einem Zinssatz von 15%: ≈4,00 € Schulden.
... bei einem Zinssatz von 20%: ≈6,20 € Schulden.

b) Formulierungen z.B.:
Bei niedrigeren Zinssätzen wachsen die Schulden langsam an, z.B. beim Zinssatz 5%.
Je höher der Zinssatz ist, desto schneller und steiler wachsen die Schulden an.

26 *Sachaufgabe zu einem Zeitungsartikel: Wucherzinssatz berechnen*
Kredithöhe: 5000 Baht; Jahreszinsen: 12 · 6000 Baht = 72 000 Baht; Zinssatz: 1440%
Kredithöhe: 10 000 Baht; Jahreszinsen: 12 · 6000 Baht = 72 000 Baht; Zinssatz: 720%
Der Zinssatz liegt zwischen 720% (für einen Kredit in Höhe von 10 000 Baht) und 1440% (für 5000 Baht).

27 *Sachaufgabe: Kreditangebote vergleichen*
Kreditsumme: 663 €;
Rückzahlung an den Freund: 720 €; Zinsen: 57 €; Zinssatz: ≈8,6%
Rückzahlung an den Chef: 718 €; Zinsen: 55 €; Zinssatz: ≈8,3%
Paulas Chef hat das günstigere Angebot zu einem Zinssatz von 8,3% gemacht.

28 *Sachaufgabe: Kreditangebote vergleichen*
Angebot A Zinsen: 675,00 € + 190,50 € = 865,50 €
Angebot B Zinsen: 540,00 € + 390,00 € = 930,00 €
Angebot C Zinsen: 416,50 € + 484,50 € = 901,00 €
Angebot A ist am günstigsten. Die Kosten für den Kredit betragen 865,50 €.

29 *Sachaufgabe: Berechnungen zum Sparverhalten der deutschen Bevölkerung anstellen*
wirklich erhaltene Zinsen: 836 Mrd. € · 0,006 = 5,016 Mrd. €
Bei Anlage auf dem Gold-Girokonto wäre der Zinssatz um 0,5% höher, somit könnten etwa 4,18 Mrd. € zusätzlich erzielt werden.
Bei Anlage bei der Bank Viersterne wäre der Zinssatz sogar um 1,9% höher, somit könnten etwa 15,88 Mrd. € zusätzlich erzielt werden.
Die deutschen Sparer verschenken rund 4,2 bis 15,9 Mrd. € jährlich.

107 **Tabellenkalkulationsaufgaben**

30 *Tilgungsplan erstellen und interpretieren*

	A	B	C	D	E	F
1	Darlehen	17.000,00 €	Zinssatz	5,90%	Raten (jährlich)	3.000,00 €
2						
3	Jahr	Restschuld	Zinsen	Restschuld + Zinsen	Tilgungsrate	Restschuld nach Tilgung
4	1	17.000,00	1.003,00	18.003,00	3.000,00	15.003,00
5	2	15.003,00	885,18	15.888,18	3.000,00	12.888,18
6	3	12.888,18	760,40	13.648,58	3.000,00	10.648,58
7	4	10.648,58	628,27	11.276,85	3.000,00	8.276,85
8	5	8.276,85	488,33	8.765,13	3.000,00	5.765,18
9	6	5.765,18	340,15	6.105,33	3.000,00	3.105,33
10	7	3.105,33	183,21	3.288,54	3.000,00	288,54
11	8	288,54	17,02	305,56	305,56	0,00

a) Zu Beginn des 8. Jahres beträgt die Restschuld noch 288,54 €. Der Kredit ist im 8. Jahr abbezahlt.

b) Zu Beginn des 9. Jahres beträgt die Restschuld noch 2236,57 €. Der Kredit ist im 9. Jahr abbezahlt.

c)

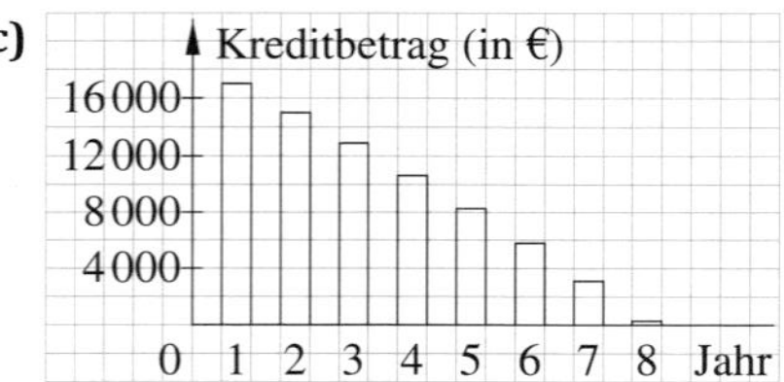

31 *Kapitalwachstum mit Tabellenkalkulation berechnen*

	A	B	C	D
1	anfänglicher Zinssatz	1,50%	jährliche Steigerung	0,50%
2				
3	Jahr	Kapital am Jahresanfang	Jahres-zinsen	Kapital am Jahresende
4	1	975,00	14,63	989,63
5	2	989,63	19,79	1.009,42
6	3	1.009,42	25,24	1.034,65
7	4	1.034,65	31,04	1.065,69
8	5	1.065,69	37,30	1.102,99
9	6	1.102,99	44,12	1.147,11
10	7	1.147,11	51,62	1.198,73
11	8	1.198,73	59,94	1.258,67

Sein Endkapital beträgt nach 8 Jahren 1258,67 €.
Sein Kapital ist um ca. 29,1% angewachsen.

32 *Schuldenentwicklung berechnen und darstellen*

a)

Anzahl Jahre	1	2	3	4	5	6	7
Schulden in €	1120	1254,40	1404,93	1573,52	1762,34	1973,82	2210,68

Darstellung im Diagramm

b) Im 7. Jahr haben sich die Schulden verdoppelt.

33 *Tageszinsen für wählbaren Zeitraum mit Hilfe der Tabellenkalkulation berechnen*

a) siehe Buchseite 96

b) relative Adressierung z.B.: D10; absolute Adressierung z.B.: D4

c)

B10	=30−C7	B12	=F7	B13	=B10+B11+B12

d) Die zwischen den Laufzeitmonaten liegenden Monate werden durch Multiplikation mit 30 in Tage umgerechnet.

e)

D14	=C4*D4*B13/360

107 **34** *Tilgungsplan erstellen; Variante mit geänderter Tilgungsrate erstellen*

a) Tabelle individuell verschieden

Nach 18 Jahren beträgt die Restschuld noch 176,90 €, im 19. Jahr ist der Kredit abbezahlt.

	A	B	C	D	E	F
1	**Darlehen**	146.000,00 €	**Zinssatz**	4,50%	**Raten (jährlich)**	12.000,00 €
2						
3	**Jahr**	**Restschuld**	**Zinsen**	**Restschuld + Zinsen**	**Tilgungsrate**	**Restschuld nach Tilgung**
4	1	146.000,00	6.570,00	152.570,00	12.000,00	140.570,00
5	2	140.570,00	6.325,65	146.895,65	12.000,00	134.895,65
6	3	134.895,65	6.070,30	140.965,95	12.000,00	128.965,95
7	4	128.965,95	5.803,47	134.769,42	12.000,00	122.769,42
8	5	122.769,42	5.524,62	128.294,05	12.000,00	116.294,05
9	6	116.294,05	5.233,23	121.527,28	12.000,00	109.527,28
10	7	109.527,28	4.928,73	114.456,01	12.000,00	102.456,01
11	8	102.456,01	4.610,52	107.066,53	12.000,00	95.066,53
12	9	95.066,53	4.277,99	99.344,52	12.000,00	87.344,52
13	10	87.344,52	3.930,50	91.275,02	12.000,00	79.275,02
14	11	79.275,02	3.567,38	82.842,40	12.000,00	70.842,40
15	12	70.842,40	3.187,91	74.030,31	12.000,00	62.030,31
16	13	62.030,31	2.791,36	64.821,67	12.000,00	52.821,67
17	14	52.821,67	2.376,98	55.198,65	12.000,00	43.198,65
18	15	43.198,65	1.943,94	45.142,59	12.000,00	33.142,59
19	16	33.142,59	1.491,42	34.634,00	12.000,00	22.634,00
20	17	22.634,00	1.018,53	23.652,53	12.000,00	11.652,53
21	18	11.652,53	524,36	12.176,90	12.000,00	176,90
22	19	176,90	7,96	184,86	184,86	0,00

b) Nach Ablauf des zehnten Jahres beträgt die Restschuld 79 275,02 € und nach weiteren 11 Jahren (mit geringerer Rate) noch 4081,10 €. Im insgesamt 22. Jahr sind alle Schulden getilgt. Mit der geringeren Tilgungsrate ab dem 11. Jahr dauert es also 3 Jahre länger, bis der Kredit abbezahlt ist.

	A	B	C	D	E	F
1	**Darlehen**	146.000,00 €	**Zinssatz**	4,50%	**Raten (jährlich)**	12.000,00 €
2					Raten ab 11. Jahr	9.000,00 €
3						
4	**Jahr**	**Restschuld**	**Zinsen**	**Restschuld + Zinsen**	**Tilgungsrate**	**Restschuld nach Tilgung**
5	1	146.000,00	6.570,00	152.570,00	12.000,00	140.570,00
6	2	140.570,00	6.325,65	146.895,65	12.000,00	134.895,65
7	3	134.895,65	6.070,30	140.965,95	12.000,00	128.965,95
8	4	128.965,95	5.803,47	134.769,42	12.000,00	122.769,42
9	5	122.769,42	5.524,62	128.294,05	12.000,00	116.294,05
10	6	116.294,05	5.233,23	121.527,28	12.000,00	109.527,28
11	7	109.527,28	4.928,73	114.456,01	12.000,00	102.456,01
12	8	102.456,01	4.610,52	107.066,53	12.000,00	95.066,53
13	9	95.066,53	4.277,99	99.344,52	12.000,00	87.344,52
14	10	87.344,52	3.930,50	91.275,02	12.000,00	79.275,02
15	11	79.275,02	3.567,38	82.842,40	9.000,00	73.842,40
16	12	73.842,40	3.322,91	77.165,31	9.000,00	68.165,31
17	13	68.165,31	3.067,44	71.232,75	9.000,00	62.232,75
18	14	62.232,75	2.800,47	65.033,22	9.000,00	56.033,22
19	15	56.033,22	2.521,49	58.554,71	9.000,00	49.554,71
20	16	49.554,71	2.229,96	51.784,68	9.000,00	42.784,68
21	17	42.784,68	1.925,31	44.709,99	9.000,00	35.709,99
22	18	35.709,99	1.606,95	37.316,94	9.000,00	28.316,94
23	19	28.316,94	1.274,26	29.591,20	9.000,00	20.591,20
24	20	20.591,20	926,60	21.517,80	9.000,00	12.517,80
25	21	12.517,80	563,30	13.081,10	9.000,00	4.081,10
26	22	4.081,10	183,65	4.264,75	4.264,75	0,00

108 **Sparen für den Führerschein**

a) nach 2 Jahren: um 4,04%; nach 5 Jahren: um ≈10,41%

b) Kapital nach 10 Jahren: 1218,99 € Jan hat Unrecht. Wenn 500 € auf 609,50 € anwachsen, so wächst das doppelte Kapital unter den gleichen Bedingungen auch auf das Doppelte an. Um die Finanzierung des Führerscheins zu erreichen, müsste sich das Kapital durch einen Zuwachs von 100% verdoppelt haben.

c)

	A	B	C	D	E
1		**jährliche Sparrate**	**120,00 €**	**Festzinssatz**	**2,00%**
2					
3	**Jahr**	**Kapital am Jahresanfang**	**Jahres-zinsen**	**Kapital am Jahresende**	
4	1	1.000,00	20,00	1.020,00	
5	2	1.140,00	22,80	1.162,80	
6	3	1.282,80	25,66	1.308,46	
7	4	1.428,46	28,57	1.457,03	
8	5	1.577,03	31,54	1.608,57	
9	6	1.728,57	34,57	1.763,14	
10	7	1.883,14	37,66	1.920,80	
11	8	2.040,80	40,82	2.081,62	
12	9	2.201,62	44,03	2.245,65	
13	10	2.365,65	47,31	2.412,96	

Nach 8 Jahren wären 2000 € Kapital erreicht. Jan müsste also 7 Jahre vor dem gewünschten Beginn der Führerscheinausbildung mit dem Ansparen beginnen.

d) Brief-Bank
Kapital nach 1. Jahr: 1000,00 € + 10,00 € Zinsen = 1010,00 €
Kapital nach 2. Jahr: 1010,00 € + 15,15 € Zinsen = 1025,15 €
Kapital nach 3. Jahr: 1025,15 € + 20,50 € Zinsen = 1045,65 €
Kapital nach 4. Jahr: 1045,65 € + 26,14 € Zinsen = 1071,79 €
Kapital nach 5. Jahr: 1071,79 € + 32,15 € Zinsen = **1103,94 €**

Hier müssen wegen der wechselnden Zinssätze in jedem Jahr die Zinsen und das neue Kapital berechnet werden.

Acker-Bank
Kapital nach 1. Jahr: 1000,00 € + 15,00 € Zinsen = 1015,00 €
Kapital nach 2. Jahr: 1015,00 € + 15,23 € Zinsen = 1030,23 €
Kapital nach 3. Jahr: 1030,23 € + 15,45 € Zinsen = 1045,68 €
Kapital nach 4. Jahr: 1045,68 € + 15,69 € Zinsen = 1061,36 €
Kapital nach 5. Jahr: 1061,36 € + 15,92 € Zinsen = 1077,28 €
Zinsen insgesamt: 77,28 €; davon 25% Prämie: 19,32 €
Endkapital plus Prämie: **1096,61 €**

Die Zinsen können recht einfach mit einer Tabellenkalkulation berechnet werden. Am Ende muss noch die Sparprämie berechnet und addiert werden.

Spaß-Kasse Kapital nach 5 Jahren: **1100,00 €**

Hier ist keine Rechnung nötig. Das günstigste Angebot bietet die Brief-Bank.

e) Tabellenblatt individuell
Bei der Brief-Bank müsste Mara 1780 € anlegen; nach 5 Jahren bekäme sie 2003,75 €.
Bei der Acker-Bank müsste Mara 1825 € anlegen; nach 5 Jahren bekäme sie 2001,30 €.
Sofern das Angebot so zu verstehen ist, dass die Spaß-Bank nach 5 Jahren einmalig 10% Zinsen zahlt, müsste Mara 1820 € anlegen; nach 5 Jahren bekäme sie 2002,00 €. Wird jedoch, unabhängig von der Anlagesumme, einmalig ein Zinsbetrag in Höhe von 100 € gewährt, müsste Mara dort 1900 € anlegen.

f) 400 €; 100 €; 25 €

Dreiecke und Vierecke

In diesem Kapitel lernen die Schülerinnen und Schüler, Umfänge und Flächeninhalte bei Dreiecken und Vierecken zu berechnen. Zunächst werden dabei die Dreiecke behandelt, die den Schülerinnen und Schülern schon aus Klasse 7 bezüglich der Bestimmung der Dreiecksart und ihrer Konstruktion vertraut sind. Es folgt eine Lerneinheit, in der die verschiedenen Vierecksarten mit ihren Eigenschaften vorgestellt werden. Auf drei Methodenseiten lernen die Schülerinnen und Schüler, besondere Vierecke zu konstruieren. Als Abschluss werden die Umfänge und Flächeninhalte von besonderen Vierecken berechnet.

112 Noch fit?

1 *Rechteck und Quadrat zeichnen, Umfang und Flächeninhalt berechnen*

a) individuelle Ergebnisse

b) Rechteck: $u = 2a + 2b$; $A = ab$ Quadrat: $u = 4a$; $A = a^2$

c) Der Umfang ist eine Strecke, zusammengesetzt aus allen die Figur begrenzenden Linienlängen.
Der Flächeninhalt ist die Fläche, die von den Begrenzungslinien der Figur eingeschlossen wird.

2 *Umfang und Flächeninhalt von Rechtecken und Quadrat berechnen*

a) $u = 14$ cm; $A = 12$ cm² **b)** $u = 20$ cm; $A = 25$ cm²

c) $u = 19{,}8$ cm; $A = 23{,}78$ cm²

3 *Dreiecke inklusive Planfigur zeichnen, Vorgehensweise beschreiben*

Die Zeichnungen sind hier auf 50 % verkleinert und die Konstruktionsschritte als „Kurzprotokoll" formuliert.

a) Planfigur:

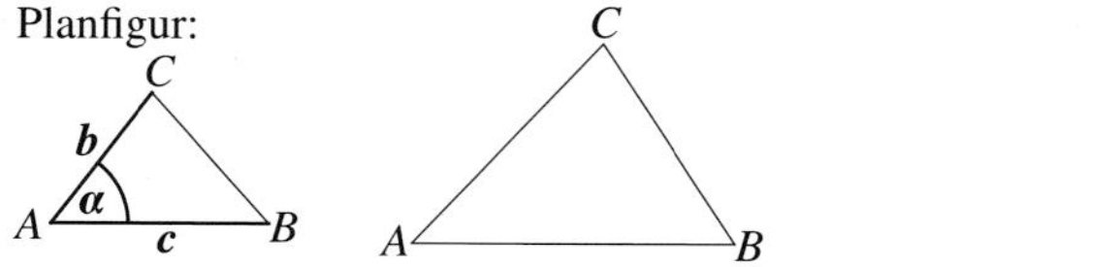

c zeichnen; α in A antragen; b auf freiem Schenkel von A aus α abtragen; C mit B verbinden

b) Planfigur:

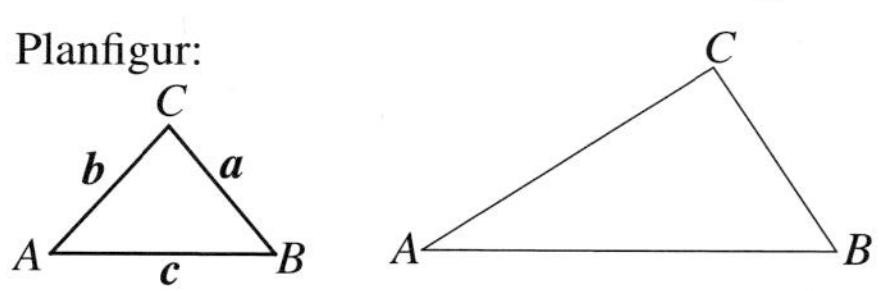

c zeichnen; Kreis mit $r = b$ um A; Kreis mit $r = a$ um B

c) Planfigur:

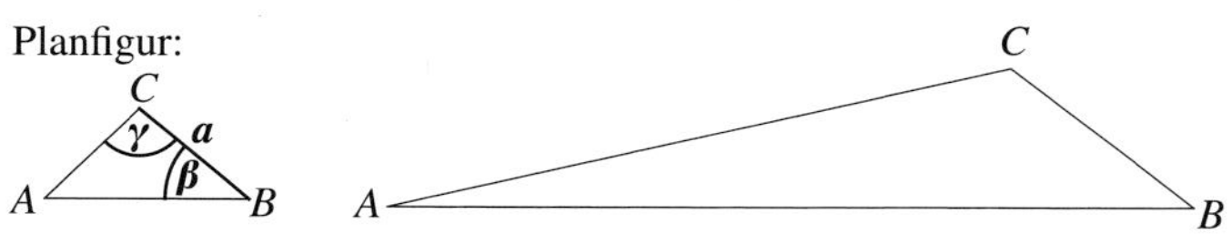

a zeichnen; β in B antragen; γ in C antragen; A beschriften

112 3 (Fortsetzung)

d) Planfigur:

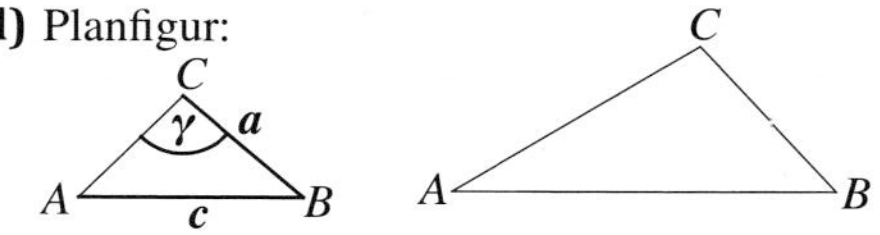

a zeichnen; γ in C antragen; Kreis mit $r = c$ um B; A beschriften; A mit B verbinden

e) Planfigur:

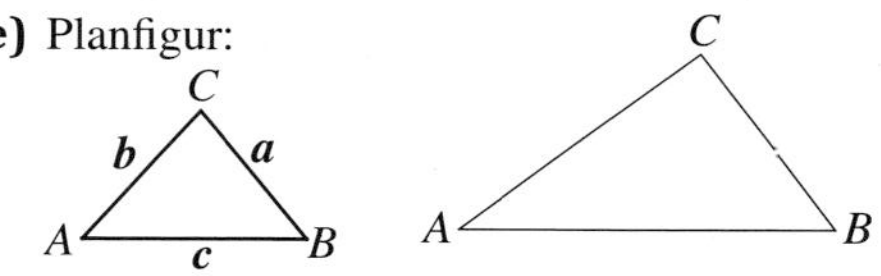

c zeichnen; Kreis mit $r = b$ um A; Kreis mit $r = a$ um B; C beschriften; A mit C und B mit C verbinden

f) Planfigur:

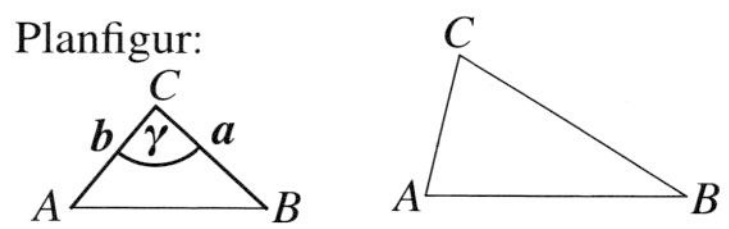

γ zeichnen; a auf entsprechendem freien Schenkel von C aus abtragen; b auf entsprechendem freien Schenkel von C aus abtragen; A mit B verbinden

g) Planfigur:

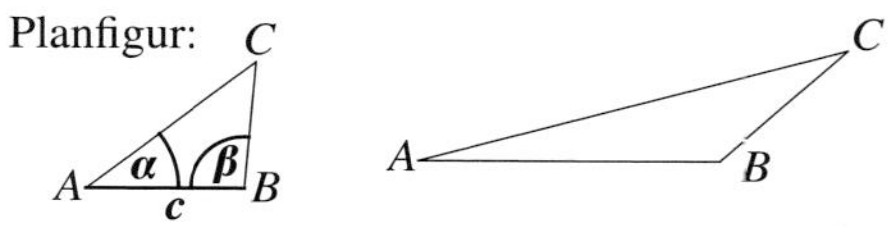

c zeichnen; α in A antragen; β in B antragen; C beschriften

h) Planfigur:

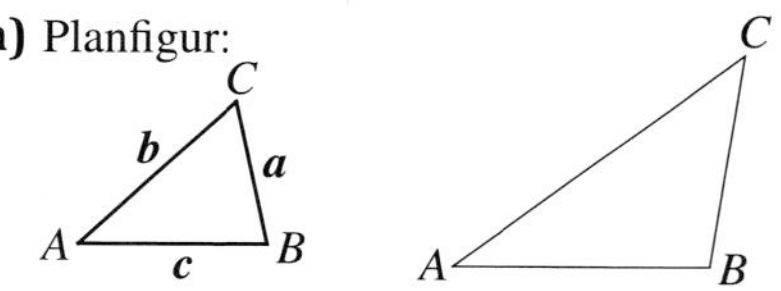

c zeichnen; Kreis mit $r = b$ um A; Kreis mit $r = a$ um B; C beschriften; A mit C und B mit C verbinden

4 *Figuren an einer Achse spiegeln*

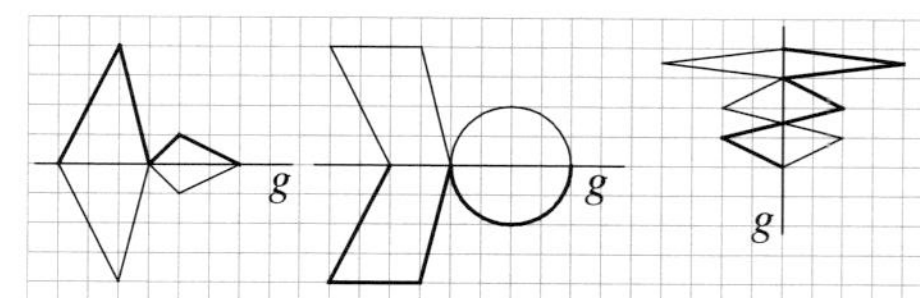

5 *Figuren um 180° um einen Punkt drehen*

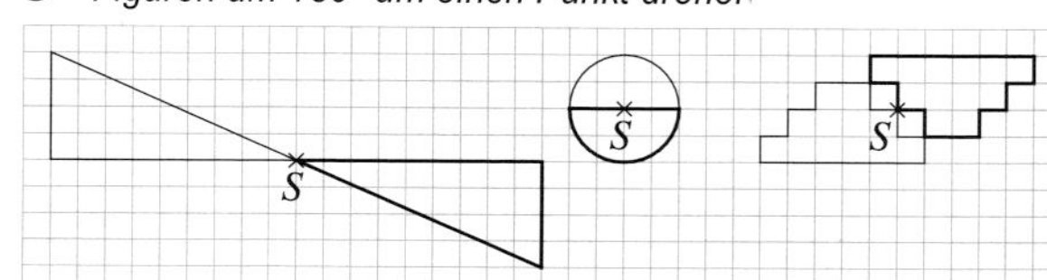

6 *Produkte berechnen*

a) 2590 **b)** 3,92 **c)** 0,238 **d)** 70,2

e) 1551 cm² **f)** 2,024 m² **g)** 4,14 m² **h)** 0,066 m²

112 Bunt gemischt

1. $4a$
2. $13 \cdot 12 - 9 = 156 - 9 = 147$
3. $a(b+c) = ab + ac$; $a(b-c) = ab - ac$
4. 1483 geboren und starb 1546
5. 4,80 €
6. 16. April 2016

113 Umfänge und Flächeninhalte von Dreiecken

Erforschen und Entdecken

1 *Umfang von Dreiecken berechnen; Vorgehensweise beschreiben; Formel entwickeln*

Zeichenübung

a) Messwerte möglicherweise mit 1 mm Abweichung

	①	②	③	④	⑤	⑥	⑦
a in cm	3,4	3,1	3,0	2,2	5,2	4,8	2,2
b in cm	5,6	3,4	3,0	3,6	2,5	4,8	3,6
c in cm	2,7	3,9	3,0	3,8	4,5	3,0	4,0
u in cm	11,7	10,4	9,0	9,6	12,2	12,6	9,8

b) Der Umfang ist die Summe aller Seitenlängen.

c) Beschriftungsübung; In ③ und ⑥ kommen gleich lange Seiten vor.
mögliche Formeln z.B.: $u = a + b + c$; $u = 2a + b$; $u = 3a$

2 *Rechteck in zwei kongruente Dreiecke zerlegen - Faltübung*

Zu einem Dreieck zusammengelegt ist die gleiche Dreiecksform entstanden wie bei dem übrig gebliebenen Dreieck. Würde man nämlich die Höhe im großen Dreieck einzeichnen, dann würden die kleinen Dreiecke dort wieder erkennbar sein.

3 *Dreiecke durch ein Rechteck umschreiben; Formel zur Flächenberechnung entwickeln*

a) Zeichenübung
Rechteck ⑤ $11{,}25\ \text{cm}^2$; Rechteck ⑥ $13{,}5\ \text{cm}^2$; Rechteck ⑦ $8\ \text{cm}^2$
Der Flächeninhalt des Rechtecks ist immer doppelt so groß wie der des Dreiecks.
Umgekehrt: Der Flächeninhalt des Dreiecks ist halb so groß wie der Flächeninhalt des kleinstmöglichen das Dreieck einschließenden Rechtecks.

b) $A = \frac{1}{2} bc$

c) Diskussion

115 Basisaufgaben

1 *Dreiecke abzeichnen; Umfang berechnen*

Zeichenübung; Messwerte möglicherweise mit 1 mm Abweichung

① $u \approx (3 + 2 \cdot 3{,}8)\ \text{cm} = 10{,}6\ \text{cm}$
② $u \approx (3 + 2 \cdot 2{,}1)\ \text{cm} = 14{,}4\ \text{cm}$
③ $u \approx (2{,}5 + 3{,}1 + 3{,}6)\ \text{cm} = 9{,}2\ \text{cm}$
④ $u \approx (2{,}5 + 3{,}2 + 2{,}5)\ \text{cm} = 8{,}2\ \text{cm}$
⑤ $u \approx (2{,}5 + 2{,}8 + 2{,}1)\ \text{cm} = 7{,}4\ \text{cm}$

115 2 *Umfang von Dreiecken mit gegebenen Seitenlängen berechnen*

a) 10,1 cm **b)** 9,8 cm **c)** 13,9 cm **d)** 10,7 cm **e)** 16,8 cm

3 *fehlende Seitenlänge bei gegebenem Umfang berechnen*

a) $a = 2{,}1$ cm **b)** $c = 2{,}2$ cm **c)** $b = 3{,}9$ cm **d)** $c = 7{,}2$ cm **e)** $a = 3{,}7$ cm

4 *Umfangsformel für gleichseitige und gleichschenklige Dreiecke spezialisieren*

gleichschenkliges Dreieck mit der Basis c: $u = 2a + c$
gleichseitiges Dreieck mit der Seitenlänge a: $u = 3a$

5 *rechtwinklige Dreiecke abzeichnen, Flächeninhalt berechnen*

a) $6{,}25\ \text{cm}^2$ **b)** $1{,}5\ \text{cm}^2$ **c)** $2{,}5\ \text{cm}^2$ **d)** $4{,}5\ \text{cm}^2$

6 *Dreiecke abzeichnen; Grundseite und Höhe einzeichnen; Flächeninhalt berechnen*

sinnvoll zur messfehlerfreien Berechnung die waagerechten und senkrechten Maße markieren und verwenden

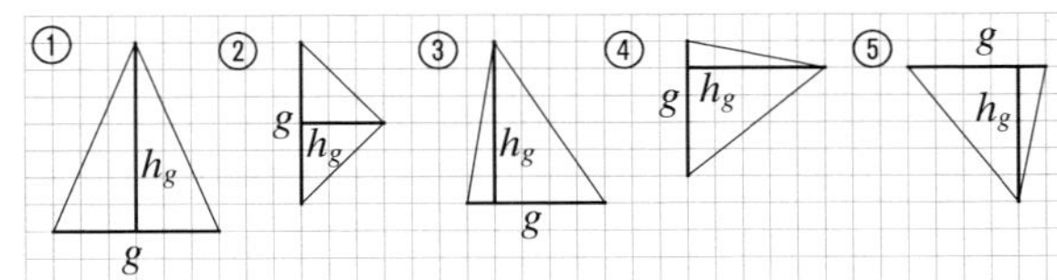

① $A = \frac{1}{2} \cdot 3 \cdot 3{,}5\ \text{cm}^2 = 5{,}25\ \text{cm}^2$
② $A = \frac{1}{2} \cdot 3 \cdot 1{,}5\ \text{cm}^2 = 2{,}25\ \text{cm}^2$
③ $A = \frac{1}{2} \cdot 2{,}5 \cdot 3\ \text{cm}^2 = 3{,}75\ \text{cm}^2$
④ $A = \frac{1}{2} \cdot 2{,}5 \cdot 2{,}5\ \text{cm}^2 = 3{,}125\ \text{cm}^2$
⑤ $A = \frac{1}{2} \cdot 2{,}5 \cdot 2\ \text{cm}^2 = 2{,}5\ \text{cm}^2$

7 *für gegebene Grundseite und Höhe Flächeninhalt berechnen*

a) $97{,}5\ \text{m}^2$ **b)** $94{,}64\ \text{cm}^2$ **c)** $418\,363\ \text{mm}^2 = 4183{,}63\ \text{cm}^2$

8 *Flächeninhalt ausgehend von verschiedenen Grundseiten berechnen; vergleichen*

a) $a \approx 4{,}6$ cm; $b \approx 4{,}1$ cm; $c \approx 4{,}2$ cm; $h_a \approx 3{,}45$ cm; $h_b \approx 3{,}9$ cm; $h_c \approx 3{,}8$ cm
$\frac{a \cdot h_a}{2} \approx 7{,}94\ \text{cm}^2$; $\frac{b \cdot h_b}{2} \approx 8{,}00\ \text{cm}^2$; $\frac{c \cdot h_c}{2} \approx 7{,}98\ \text{cm}^2$

b) Die Ergebnisse sind annähernd gleich. Unterschiede können aufgrund von Messfehlern entstehen. Da für die Berechnung des Flächeninhalts eines Dreiecks jede der drei Seiten als Grundseite mit zugehöriger Höhe verwendet werden kann, sind die Ergebnisse im Idealfall (von Messfehlern abgesehen) gleich.

9 *Flächeninhalt berechnen; Maße aus einer Zeichnung entnehmen; passende Formel angeben*

Messwerte möglicherweise mit 1 mm Abweichung

① $A \approx \frac{1}{2} \cdot 1{,}6 \cdot 3{,}3\ \text{cm}^2 = 2{,}64\ \text{cm}^2$
② $A \approx \frac{1}{2} \cdot 1{,}9 \cdot 2{,}4\ \text{cm}^2 = 2{,}28\ \text{cm}^2$
③ $A \approx \frac{1}{2} \cdot 2{,}0 \cdot 3{,}4\ \text{cm}^2 = 3{,}4\ \text{cm}^2$
④ $A \approx \frac{1}{2} \cdot 3{,}8 \cdot 1{,}2\ \text{cm}^2 = 2{,}28\ \text{cm}^2$

116 **10** *Flächeninhalt aus gegebener Grundseite und Höhe berechnen*

a) 14 cm² **b)** 3,675 cm² **c)** 8,28 cm² **d)** 19,14 cm² **e)** 12,035 cm²

Lösungswort: HAITI (Kontinent: Amerika)

11 *Partnerarbeit: Dreiecke mit gleichem Flächeninhalt zeichnen und deren Umfang vergleichen*

a) Vorgehensweise individuell verschieden, z.B.:
Man wählt die Längen von g und h derart, dass ihr Produkt 24 cm² beträgt, z.B. $g = 6$ cm und $h = 4$ cm oder $g = 3$ cm und $h = 8$ cm usw. Der Flächeninhalt beträgt jeweils 12 cm². (Am einfachsten wählt man rechtwinklige Dreiecke.)
Mit diesen Maßen für die Grundseite und die Höhe kann man beliebig viele Dreiecke gleichen Flächeninhalts zeichnen.

b) Der Umfang ist trotz gleichen Flächeninhalts unterschiedlich groß. Dies kann man an folgender Skizze erkennen: Alle Dreiecke haben die Grundseite $g = 6$ cm und eine Höhe h von 4 cm. Insbesondere das Dreieck ganz rechts hat viel längere Seiten und damit einen größeren Umfang als die anderen Dreiecke, aber dennoch 12 cm² Flächeninhalt wie alle anderen Dreiecke.

Weiterführende Aufgaben

12 *Dreiecke konstruieren, u und A berechnen; Figur mit doppeltem Flächeninhalt konstruieren*

Zeichenübung;
Konstruktion der Figur mit doppeltem Flächeninhalt individuell verschieden;
am einfachsten: umschreibendes Rechteck mit einer Dreiecksseite und der dazugehörigen Höhe als eine Seiten; Dreieck mit doppelter Höhe oder doppelt so langer Grundseite; Parallelogramm aus gegebenem Dreieck und dazu kongruentem Dreieck.

a) 8,36 cm² **b)** 3,525 cm² **c)** 6 cm²

13 *Flächeninhalt einer Teilfigur eines Dreiecks berechnen; Vorgehensweise beschreiben*

Vorgehensweise: Man subtrahiert vom Flächeninhalt des großen Dreiecks des Flächeninhalts des kleinen blauen Dreiecks.

a) 8 cm² − 2 cm² = 6 cm² **b)** 6,25 cm² − 1 cm² = 5,25 cm²

14 *Dreieck mit gegebenem Flächeninhalt und einer gegebenen Seite zeichnen*

Zeichenübung

z.B.: $g = 5$ cm; $\frac{5\,\text{cm} \cdot h}{2} = 18$ cm²; $h = 7{,}2$ cm

oder $h = 5$ cm; $\frac{g \cdot 5\,\text{cm}}{2} = 18$ cm²; $g = 7{,}2$ cm

15 *Dreieckseite aus Flächeninhalt und einer Seitenlänge bestimmen; zeichnen; Formel umstellen*

a) ① $g = 6$ cm ② $g = 4$ cm ③ $h_g = 16$ m (= 160 dm)

b) Vorgehensweise individuell verschieden, z.B. Einsetzen der Werte in die Formel zur Flächenberechnung und Auflösen (Umstellen) nach der gesuchten Größe.
Oder: Flächeninhalt verdoppeln, Ergebnis durch Länge der Seite/Höhe dividieren.

c) $g = \frac{2 \cdot A}{h_g}$; $h_g = \frac{2 \cdot A}{g}$

116 **16** *Überlegungen zur Flächenberechnung eines stumpfwinkligen Dreieck anstellen*

a) Man verlängert beim stumpfwinkligen Dreieck die Grundseite c durch eine Hilfslinie, so dass sich die Höhe h_c einzeichnen lässt. Der Flächeninhalt wird, wie gewohnt, mit der Formel $A = \frac{c \cdot h_c}{2}$ berechnet.
Dass beide Dreiecke (bei gleicher Grundseite und Höhe) tatsächlich den gleichen Flächeninhalt haben, kann man auch in der Zeichnung erkennen:
Für das linke Dreieck im Schulbuch ergibt sich mit $c = 2{,}5$ cm und $h_c = 2{,}15$ cm für $A \approx 2{,}69$ cm².

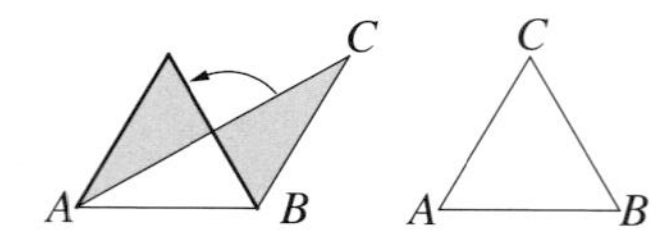

b) Der Flächeninhalt für das Dreieck im Schulbuch beträgt, von der Seite $b = 4{,}2$ cm aus berechnet, etwa 2,73 cm² (mit $h_b = 1{,}3$ cm). Die Differenz entsteht dabei durch Messungenauigkeiten.

17 *Sachaufgabe zur Wärmedämmung: Flächeninhalte von Dreiecken und Rechtecken berechnen*

Dach $2 \cdot 54{,}96$ m² = 109,92 m²
Seitenwände $2 \cdot 33{,}6$ m² = 67,2 m²
Giebelseiten $2 \cdot 31{,}5$ m² = 63 m² insgesamt 240,12 m²
Wenn man auch noch den Boden dämmt, ergibt sich:
Fußboden $7{,}5 \cdot 12$ m² = 90 m² insgesamt: 330,12 m²

117 Vierecke charakterisieren und benennen

Erforschen und Entdecken

1 *Eigenschaften verschiedener Vierecke erkunden*

a) und **c)**

	①	②	③	④	⑤	⑥	⑦
Benachbarte Seiten stehen senkrecht aufeinander.	×			×			
Gegenüberliegende Seiten sind parallel zueinander.	×		×	×	×		
Gegenüberliegende Seiten sind gleich lang.	×		×	×	×		
Benachbarte Seiten sind gleich lang.	×				×		
Alle Seiten sind gleich lang.	×				×		
Die Diagonalen stehen senkrecht aufeinander.	×				×		×
Die Diagonalen halbieren sich.	×		×	×	×		
Bezeichnung des Vierecks	Quadrat	unregelmäßiges Viereck	Parallelogramm	Rechteck	Raute	Trapez	Drachen

b) besonders viele Eigenschaften: ① und ⑤; besonders wenige Eigenschaften: ② und ⑥

117 **2** *Symmetrieeigenschaften von Vierecksarten erkunden*
Zeichnungen individuell, z.B.:

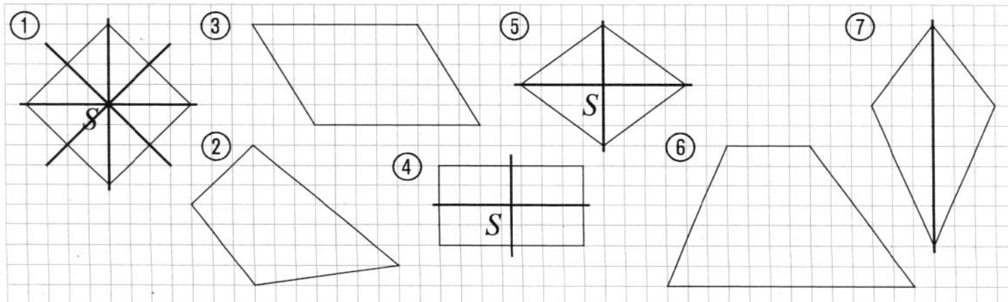

a) Vierecke mit Symmetrieachsen: Quadrat (4), Rechteck (2), Raute (2), Drachen (1)
b) punktsymmetrische Vierecke mit Drehpunkt *S*:
Quadrat (90°, 180°, 270°), Parallelogramm (180°), Rechteck (180°), Raute (180°)

c)

achsensymmetrisch	punktsymmetrisch	ohne Symmetrie
Quadrat, Rechteck, Raute, Drachen	Quadrat, Parallelogramm, Rechteck, Raute	unregelmäßiges Viereck, Trapez

d) Sowohl achsen- als auch punktsymmetrisch sind Quadrat, Rechteck und Raute.

119 Basisaufgaben

1 *Vierecksarten in der Umgebung nennen*
individuelle Antworten, z.B.:
Quadrate (Konfektschachteln; Querschnitt vieler Milchpackungen; manche (Oberflächen von) Schokoladentafeln; manche Tischplatten, manche Fenster usw.)
Rechtecke (Häuserfront; Heftseite; Oberfläche einer Matratze; Buchdeckel usw.)
Rauten (in Mustern, z.B. in der bayerischen Flagge)
Parallelogramme (Zwischenräume in Treppengeländer usw.)
Drachen (Kinderdrachen)
Trapeze (manche Tische in Sitzungsräumen)

2 *Vierecksart angeben; begründen*
Drachen: c), e), f) zwei Paar gleich langer Nachbarseiten; ein Paar gegenüberliegender Winkel gleich groß
Quadrate: e) vier gleich lange Seiten; vier rechte Winkel
Rechtecke: a), e) gegenüberliegende Seiten gleich lang und parallel; vier rechte Winkel
Rauten: e), f) alle Seiten gleich lang; gegenüberliegende Winkel gleich groß

3 *prüfen, für welche Vierecke gegebene Aussagen zutreffen*
a) Quadrat
b) Quadrat, Rechteck, Raute, Parallelogramm, Drachen
c) Es gibt kein Viereck, auf das diese Aussage zutrifft.
d) Quadrat, Rechteck, Raute, Parallelogramm, Drachen
e) Quadrat, Raute
f) Quadrat, Rechteck, Raute, Parallelogramm, Trapez

119 **4** *Frage und korrekte Antwort bei einer Quizshow prüfen*
Jedes Rechteck ist ein Trapez und auch ein Parallelogramm.
In einem Rechteck sind gegenüberliegende Seiten gleich lang und parallel. Alle Winkel sind rechte Winkel. Damit ist ein Rechteck auch ein Parallelogramm (gegenüberliegende Seiten gleich lang, gegenüberliegende Winkel gleich groß) und ein Trapez (zwei zueinander parallel Seiten).

5 *Beziehungen im Haus der Vierecke formulieren*
Es lässt sich eine Vielzahl von Sätzen bilden, z.B.:
Ein Quadrat ist auch ein Drachen.
Ein Quadrat ist auch ein Trapez.
Ein Parallelogramm ist auch ein Viereck.
Eine Raute ist auch ein Parallelogramm.
Eine Raute ist auch ein Trapez.
Ein Rechteck ist auch ein Trapez.
usw.

Weiterführende Aufgaben

6 *gegebene Viereckseiten zeichnerisch zu Vierecken ergänzen*
Zeichenübung
a) Rechteck, Trapez, Drachen (mit rechten Winkeln)
b) Rechteck, Trapez, Drachen (mit rechten Winkeln)
c) Raute, Drachen, Trapez
d) Parallelogramm, Trapez, Drachen

7 *Vierecke gegebener Art zeichnen, Beziehungen nutzen*
Es genügt, drei Rauten zu zeichnen, da jede Raute auch Trapez, Parallelogramm und Drachen ist.

8 *Eigenschaften eines Drachen für „entarteten" Drachen prüfen*
Die Figur ist ein Drachen, weil es zwei Paare benachbarter, gleich langer Seiten gibt.
Man nennt diese Figur auch „Pfeilviereck".

9 *Vierecksart aufgrund von Aussagen bestimmen*
a) … ein Rechteck oder eine Raute
b) … ein Quadrat
c) … ein Quadrat, ein Rechteck oder eine Raute

120 Methode: Besondere Vierecke konstruieren

Um den Umfang und den Flächeninhalt von Vierecken berechnen zu können, benötigt man bestimmte Angaben zu den Längen der Seiten, der Höhen oder der Diagonalen. Diese sind in den Aufgaben nicht immer alle gegeben. Fehlende Maße können nur aus den Zeichnungen der Vierecke gewonnen werden.
Auf den drei Methodenseiten wird gezeigt, wie Vierecke konstruiert werden und welche Angaben man dazu benötigt. Dazu wurde eine Auswahl aus den möglichen Fällen genommen und Schritt für Schritt dargestellt. Es empfiehlt sich, die gezeigten Vierecke mit den Schülerinnen und Schülern ebenfalls zu konstruieren und weitere Maße zu Übungszwecken anzugeben.

122 Die Zeichnungen sind hier auf 50 % verkleinert.

1 *Rauten konstruieren*

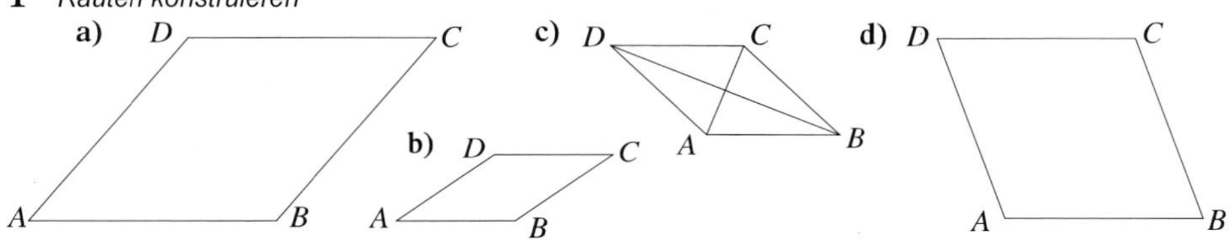

2 *Parallelogramme konstruieren*

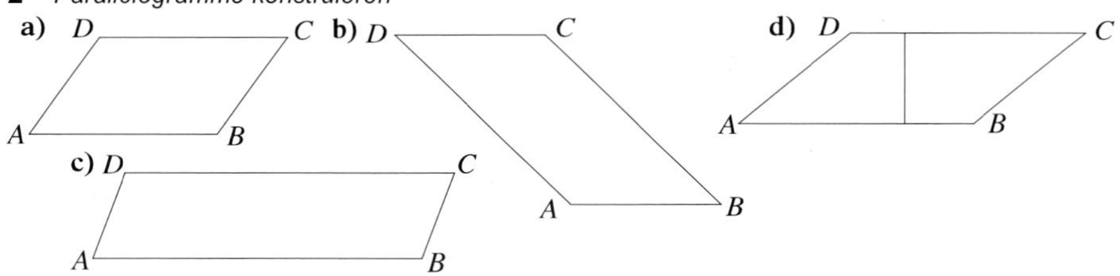

3 *Drachen konstruieren*

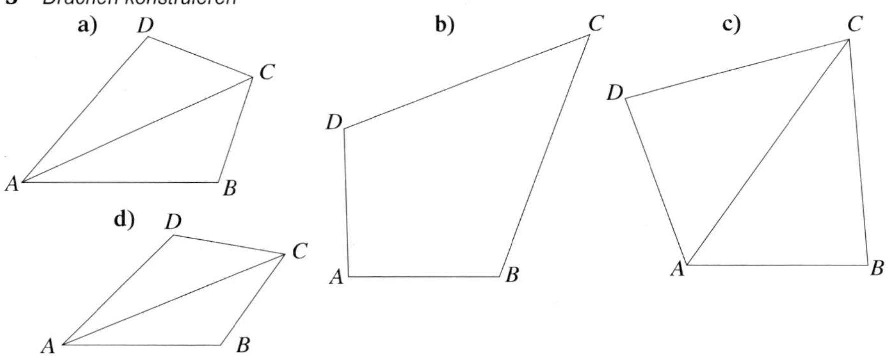

4 *Trapeze konstruieren*

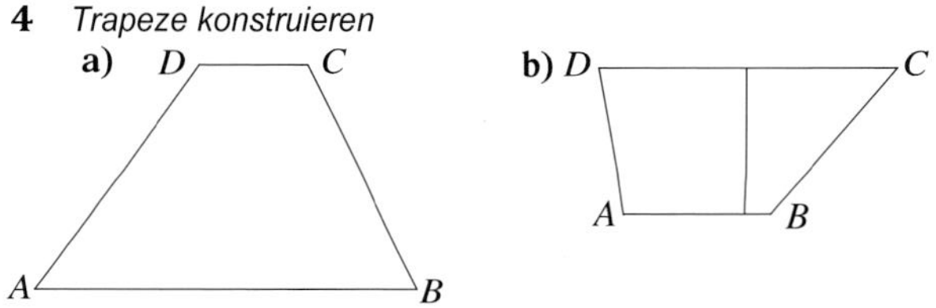

122 5 *unregelmäßige Vierecke konstruieren*

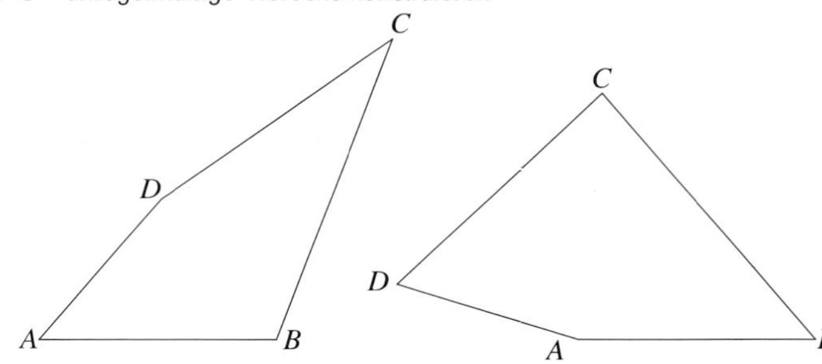

Die beiden Vierecke sind ganz unterschiedlich, obwohl nur eine Winkelgröße verändert wurde und alle entsprechenden Seiten gleich lang sind.

123 Umfänge und Flächeninhalte von Vierecken

Erforschen und Entdecken

1 *Formeln zur Umfangsberechnung bei besonderen Vierecken entwickeln*

Zeichenübung

a) und **b)**

	Quadrat	Rechteck	Parallelogramm	Raute	Drachen	Trapez
Seitenlängen	$a = 1{,}5$ cm	$a = 2{,}25$ cm $b = 1{,}5$ cm	$a = 2{,}75$ cm $b = 1{,}8$ cm	$a = 2$ cm	$a = 1{,}5$ cm $b = 2{,}5$ cm	$a = 3{,}5$ cm $b = 2$ cm $c = 1{,}5$ cm $d = 2$ cm
Umfang	$u = 6$ cm	$u = 7{,}5$ cm	$u = 9{,}1$ cm	$u = 8$ cm	$u = 8$ cm	$u = 9$ cm
Formel für den Umfang	$u = a + a + a + a$ $u = 4a$	$u = a + b + a + b$ $u = 2a + 2b$	$u = a + b + a + b$ $u = 2a + 2b$	$u = a + a + a + a$ $u = 4a$	$u = a + b + b + a$ $u = 2a + 2b$	$u = a + b + c + d$

Die Formeln für Quadrat und Raute sind gleich ($u = 4a$).
Die Formeln für Rechteck, Parallelogramm und Drachen sind gleich ($u = 2a + 2b$).

2 *an einem Zettelstapel die Flächeninhalte von Rechteck und Parallelogramm vergleichen*

Die Flächen sind gleich groß (4,5 cm · 4 cm = 18 cm^2), da sich am Inhalt nichts geändert hat. Der Flächeninhalt des Parallelogramms ist genauso groß wie der des Rechtecks mit gleicher Grundseite und gleicher Höhe (Länge und Breite).

3 *Formel zur Flächenberechnung eines Drachens mit Hilfe des umschreibenden Rechtecks finden*

a) Drachen oben: $A = 1{,}5 \text{ cm} \cdot 4 \text{ cm} = 6 \text{ cm}^2$; Drachen unten: $A = 1{,}5 \text{ cm} \cdot 4 \text{ cm} = 6 \text{ cm}^2$;
Flächeninhalt des Rechtecks: $A = 3 \text{ cm} \cdot 4 \text{ cm} = 12 \text{ cm}^2$
Der Flächeninhalt des Drachens ist halb so groß wie der Flächeninhalt des Rechtecks. (Die Seitenlängen des Rechtecks sind so lang wie die Diagonalen des Drachens.)

123 **3** (Fortsetzung)

b) Der Flächeninhalt eines Drachens ist die Hälfte des Produkts aus den Längen der beiden Diagonalen e und f, also kurz $A = \frac{e \cdot f}{2}$.

c) Zeichenübung
Der Flächeninhalt der Raute beträgt, genau wie beim Drachen, 6 cm².
Da eine Raute auch ein Drachen ist, gilt auch hier: $A = \frac{e \cdot f}{2}$

4 *Flächenberechnung beim Trapez anhand von Trapeztischen erarbeiten*

a) Es lassen sich viele Tischanordnungen erzeugen, die besser für Gespräche und Gruppenarbeiten geeignet sind.

b) Zeichenübung; hier sind nur die Möglichkeiten aufgeführt, bei denen gleich lange Seiten aneinander liegen.

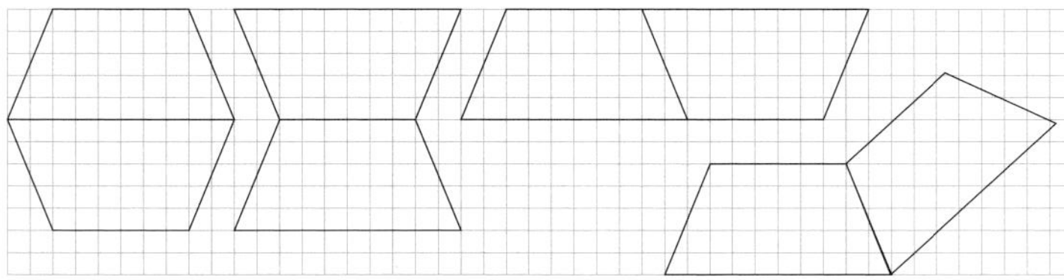

c) z.B. Zusammenlegen zu einem Parallelogramm:
$A = (5\text{ cm} + 4\text{ cm}) \cdot 2{,}5 = 45\text{ cm}^2$
Flächeninhalt eines Trapezes: $A = 45\text{ cm}^2 : 2 = 22{,}4\text{ cm}^2$

d) individuell

125 Basisaufgaben

1 *Umfang von gezeichneten, teilweise verdeckten Rechtecken bestimmen*

$u_{\text{gelb}} = 16{,}2$ cm; $u_{\text{orange}} = 13{,}0$ cm; $u_{\text{blau}} = 10{,}4$ cm; $u_{\text{grau}} = 9{,}0$ cm;
$u_{\text{grün}} = 9{,}6$ cm; $u_{\text{rot}} = 9{,}2$ cm

2 *Seitenlängen von Vierecken messen, Umfang bestimmen*

① $u = 2 \cdot (2{,}8 + 2{,}0)$ cm $= 9{,}6$ cm
② $u = (3{,}4 + 1{,}6 + 2{,}4 + 2)$ cm $= 9{,}4$ cm
③ $u = 4 \cdot 1{,}8$ cm $= 7{,}2$ cm
④ $u = (2 \cdot 2{,}9 + 2{,}0 + 0{,}8)$ cm $= 8{,}6$ cm
⑤ $u = 2 \cdot (1{,}6 + 3{,}2)$ cm $= 9{,}6$ cm

3 *Umfang von besonderen Vierecken berechnen*

a) $4 \cdot 3{,}6$ cm $= 14{,}4$ cm
b) $2 \cdot (1{,}1 + 3{,}2)$ cm $= 8{,}6$ cm
c) $(4{,}7 + 2{,}9 + 3{,}5 + 2{,}1)$ cm $= 13{,}2$ cm
d) $2 \cdot (3{,}3 + 5{,}6)$ cm $= 17{,}8$ cm
e) $(7{,}1 + 2 \cdot 4{,}5 + 5{,}8)$ cm $= 21{,}9$ cm

125 **4** *fehlende Seitenlängen eines besonderen Vierecks berechnen*

a) $b = u : 2 - a = 2{,}4$ cm **b)** $a = u : 4 = 5{,}55$ cm
c) $d = u - (a + b + c) = 7$ cm **d)** $b = u : 2 - a = 5$ cm
e) $b = u : 2 - a = 1{,}5$ cm
Lösungswort: SUDAN (Kontinent: Afrika)

5 *Umfang und Flächeninhalt von Parallelogrammen berechnen*

a) $u = 23{,}4$ m; $A = 22{,}5$ m² **b)** $u = 20{,}4$ km; $A = 25$ km²
c) $u = 24{,}8$ dm; $A = 19{,}2$ dm²

6 *fehlende Größen von Parallelogrammen berechnen*

a) $u = 8{,}4$ m; $A = 3{,}64$ m² **b)** $u = 15$ m; $h_a = 3{,}5$ m
c) $a = 5$ m; $A = 12$ m² **d)** $b = 2{,}6$ m; $h_a = 1{,}7$ m

7 *Parallelogramm zeichnen; Umfang und Flächeninhalt berechnen*

Zeichenübung; $u = 14{,}6$ cm; $h_a \approx 2{,}5$ cm; $A \approx 10{,}5$ cm²

8 *Flächeninhalte von Parallelogrammen (gleiche Grundseite und Höhe) berechnen und vergleichen*

Alle Parallelogramme haben den gleichen Flächeninhalt mit $A = 7{,}5$ cm², weil alle Grundseiten und Höhen gleich lang sind.

126 **9** *Flächeninhalte von Trapezen berechnen*

a) 6 cm² **b)** 12,8 cm² **c)** 10,64 cm²
d) 2,625 cm² **e)** 24,2 m² **f)** 5 cm²

10 *Sachaufgabe zum Querschnitt eines Bahndamms: Flächeninhalt eines Trapezes berechnen*

$\frac{(17 + 9) \cdot 5}{2}\text{ m}^2 = 65\text{ m}^2$

11 *Trapeze zeichnen und deren Flächeninhalt berechnen*

Zeichenübung;
individuell (leicht) verschieden (Trapeze hier nicht eindeutig bestimmt)
a) 13,5 cm² **b)** 21,84 cm² **c)** 22,5 cm²
d) 10,395 cm² **e)** 19,125 cm²
Lösungswort: CHILE (Kontinent: Amerika)

12 *Flächeninhalt von Drachen berechnen*

gelber Drachen: $A = 4{,}51$ cm²
grauer Drachen: $A = 40$ cm²
grüner Drachen: $A = 42$ cm²

13 *Flächeninhalt von Drachen berechnen (bei gegebenen Längen der Diagonalen)*

a) 8,82 cm² **b)** 2,4 m² **c)** 15 dm² **d)** 12 dm²

126 **14** *Drachen konstruieren; Diagonalen messen, Flächeninhalt berechnen*

Zeichnung hier auf 50% verkleinert

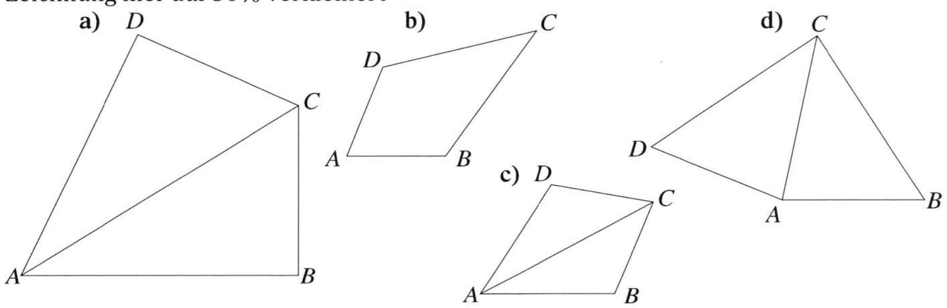

a) $e \approx 8{,}4$ cm; $f \approx 7{,}5$ cm; $A \approx 31{,}5\ \text{cm}^2$ **b)** $e \approx 5{,}8$ cm; $f \approx 2{,}8$ cm; $A \approx 8{,}12\ \text{cm}^2$
c) $f \approx 3{,}3$ cm; $A \approx 8{,}25\ \text{cm}^2$ **d)** $f \approx 7{,}0$ cm; $A \approx 15{,}4\ \text{cm}^2$

15 *Sachaufgabe zu gebasteltem Drachen: Umfang, Flächeninhalt berechnen; Drachen zeichnen*

Zeichenübung

a) Es ist nicht eindeutig, an welchem Punkt auf der „Achse" (f) die Querstrebe (e) befestigt wird. Dadurch können sich die Garnlängen unterscheiden: Sie liegen zwischen 11,7 cm und 18 cm.

b) $e = 30\ \text{cm} + 2 \cdot 3\ \text{cm} = 36$ cm; $f = 50\ \text{cm} + 2 \cdot 3\ \text{cm} = 56$ cm
Rosa benötigt ein mindestens 36 cm mal 56 cm großes Stück Papier.
$A = \frac{36 \cdot 56}{2}\ \text{cm}^2 = 1008\ \text{cm}^2$

Weiterführende Aufgaben

16 *jeweils zwei Parallelogramme gleichen Flächeninhalts zeichnen*

individuelle Ergebnisse, z.B.:

a) $a = 9$ cm; $h_a = 5$ cm (und umgekehrt) oder $a = 3$ cm; $h_a = 15$ cm (und umgekehrt) oder $a = 4{,}5$ cm; $h_a = 10$ cm (und umgekehrt)

b) $a = 6$ cm; $h_a = 11$ cm (und umgekehrt) oder $a = 3$ cm; $h_a = 22$ cm (und umgekehrt) oder $a = 5{,}5$ cm; $h_a = 12$ cm (und umgekehrt)

c) $0{,}21\ \text{dm}^2 = 21\ \text{cm}^2$
$a = 3$ cm; $h_a = 7$ cm (und umgekehrt) oder $a = 6$ cm; $h_a = 3{,}5$ cm (und umgekehrt) oder $a = 5$ cm; $h_a = 4{,}2$ cm (und umgekehrt)

d) $1400\ \text{mm}^2 = 14\ \text{cm}^2$
$a = 2$ cm; $h_a = 7$ cm (und umgekehrt) oder $a = 14$ cm; $h_a = 1$ cm (und umgekehrt) oder $a = 4$ cm; $h_a = 3{,}5$ cm (und umgekehrt) oder $a = 7$ cm; $h_a = 2$ cm (und umgekehrt)

17 *Parallelogramm mit größtmöglichem Flächeninhalt bei kleinstmöglichem Umfang finden*

Ein Quadrat hat den größtmöglichen Flächeninhalt (a^2) bei kleinstmöglichem Umfang ($4a$).

126 **18** *Flächeninhalt von Parallelogrammen berechnen; diese mit vorgegebenem Umfang zeichnen*

a) $A = 12{,}3\ \text{cm}^2$; $b = 3{,}4$ cm **b)** $A = 3{,}91\ \text{cm}^2$; $a = 5{,}2$ cm
c) $A = 4{,}72\ \text{cm}^2$; $d = 16$ mm **d)** $A = 10\ \text{cm}^2$; $a = 2{,}5$ cm

Zeichenübung mit mehreren (spiegelbildlich verschiedenen) Möglichkeiten nach der folgenden allgemeinen Schrittfolge:
Grundseite zeichnen; Parallele im Abstand der zugehörigen Höhe zeichnen; jeweils von den Endpunkten der Grundseite Kreise mit Radius der zweiten Viereckslänge zeichnen und entsprechend der entstandenen Schnittpunkte mit der Parallelen zum Parallelogramm vervollständigen

127 **19** *Herleitung der Flächeninhaltsformel für Trapeze erläutern*

Das Trapez wurde in ein flächengleiches Rechteck umgewandelt mit den Seitenlängen m und h. Dafür wurden die „überstehenden Ecken" unterhalb der Mittellinie m abgeschnitten und oben angelegt.
m ist das arithmetische Mittel aus den Längen der parallelen Seiten a und c.

20 *Konstruierbarkeit eines Trapezes prüfen*

Da die Trapezhöhe h_a länger ist als die Trapezseite b, kann es so ein Trapez nicht geben.

21 *Sachaufgabe zur Größe einer Dachfläche: Flächeninhalt von Trapez und Dreieck berechnen*

$2 \cdot (8{,}75 + 29{,}75)\ \text{m}^2 = 77\ \text{m}^2$

22 *bei gegebenem Flächeninhalt von Trapezen mögliche Trapezmaße angeben*

individuelle Ergebnisse, z.B.:

a) $a = 10$ cm; $c = 7$ cm; $h_a = 4$ cm **b)** $a = 10$ cm; $c = 14$ cm; $h_a = 8$ cm
c) $a = 300$ mm; $c = 700$ mm; $h_a = 9$ mm **d)** $a = 200$ m; $c = 300$ m; $h_a = 1000$ m
e) $a = 200$ m; $c = 800$ m; $h_a = 66$ m **f)** $a = 152$ mm; $c = 100$ mm; $h_a = 20$ mm

23 *fehlende Diagonale von Drachen durch Umstellen der Flächeninhaltsformel berechnen*

$e = \frac{2A}{f}$; $f = \frac{2A}{e}$

a) 6 cm **b)** 11,5 mm **c)** 5 dm **d)** 5 dm

24 *Flächeninhalt und Umfang von Drachen und Rauten mit gleich langen Diagonalen vergleichen*

Die Flächeninhalte sind gleich, weil sie nach der gleichen Formel aus den (hier gleichen) Längen der Diagonalen berechnet werden.
Bei den Umfängen gilt das nicht. Ein Drachen ist durch die Länge seiner Diagonalen nicht eindeutig definiert. Sie müssen sich halbieren, ihr Schnittpunkt ist jedoch „verschiebbar". Dadurch können sich die Seitenlängen und somit die Umfänge unterscheiden.

25 *alternative Berechnung des Flächeninhalts einer Raute*

Die Aussage ist richtig, weil die Raute ein Parallelogramm ist und der Flächeninhalt auch wie bei einem Parallelogramm aus Grundseite und Höhe berechnet werden kann.

127 **26** *Vierecke mit dynamischer Geometriesoftware zeichnen; Umfang und Flächeninhalt berechnen*

Zeichenübung

a) $b \approx 3{,}87$ cm; $u \approx 19{,}34$ cm; $A = 21{,}46$ cm²

b) $c \approx 2{,}93$ cm; $d \approx 3{,}61$ cm; $u \approx 18{,}34$ cm; $h_a \approx 3{,}27$ cm; $A \approx 24{,}20$ cm²

c) $u = 30{,}8$ cm; $e \approx 7{,}36$ cm; $f \approx 14{,}18$ cm; $A \approx 52{,}18$ cm²

27 *Flächeninhalte von zusammengesetzten Figuren durch Subtraktion berechnen*

Vom Flächeninhalt des farbigen Vierecks wird der Flächeninhalt des weißen Vierecks subtrahiert.

a) $12\text{ cm}^2 - 1{,}75\text{ cm}^2 = 10{,}25\text{ cm}^2$

b) $18\text{ cm}^2 - 3\text{ cm}^2 = 15\text{ cm}^2$

28 *Sachaufgabe zu Farbverbrauch: Flächenberechnung bei zusammengesetzten Figuren*

a) Gesamtlänge 3,85m; Gesamtfläche 4,62 m²

120 ml Farbe reichen für 1 m², also reicht eine Dose mit 0,75 l = 750 ml für 750 : 120 = 6,25 m². Es wird nur eine Dose benötigt.

b) Die Treppe ist 4 · 15 cm = 60 cm hoch.

Die zu streichende Fläche kann zerlegt werden in ein Rechteck, ein Trapez und ein weiteres Rechteck.

Dann ist $A_{\text{hellgelb}} = 1{,}5 \cdot 2{,}2 + \frac{2{,}2 + 1{,}6}{2} \cdot 1{,}65 + 0{,}7 \cdot 1{,}6 = 7{,}555$

Für ca. 7,6 m² werden zwei Dosen Farbe benötigt.

Oder: Man berechnet die Fläche eines Rechtecks mit den Seitenlängen 3,85 m und 2,2 m und zieht davon die Fläche eines rechtwinkligen Dreiecks und eines Rechtecks ab:

$3{,}85 \cdot 2{,}2 - \frac{0{,}6 \cdot 1{,}65}{2} - 0{,}6 \cdot 0{,}7 = 7{,}555$

Zum Weiterarbeiten

Erweiterung der dynamischen Formelsammlung

128 Dreiecke und Vierecke in der Architektur

Als Einstieg kann das Foto des Gebäudes vom Dockland dienen. Vielleicht gibt es auch am Schulort ein interessantes Gebäude? Die Schülerinnen und Schüler könnten aufgefordert werden, interessante Bilder mitzubringen. Diese können dann auch in Aufgabe 4 anstelle der vorgestellten Gebäude verwendet werden. Aufgabe 2 ist eine offene Aufgabe zur Kleingruppenarbeit. Die Arbeit in der Gruppe wird jedoch angeleitet. Interessant ist die Vorstellung der Ergebnisse in der Klasse nach Bearbeitung der Aufgabe. Die Gründe für die zu erwartenden Abweichungen sollten diskutiert werden, damit den Schülerinnen und Schülern deutlich wird, dass gewisse Abweichungen tolerierbar sind.

1

Gruppenarbeit mit verschiedenster Interpretationsmöglichkeit

Zeichenübung

Skizze des Gebäudes (Draufsicht und Seitenansicht) basierend auf den genannten Maßangaben:

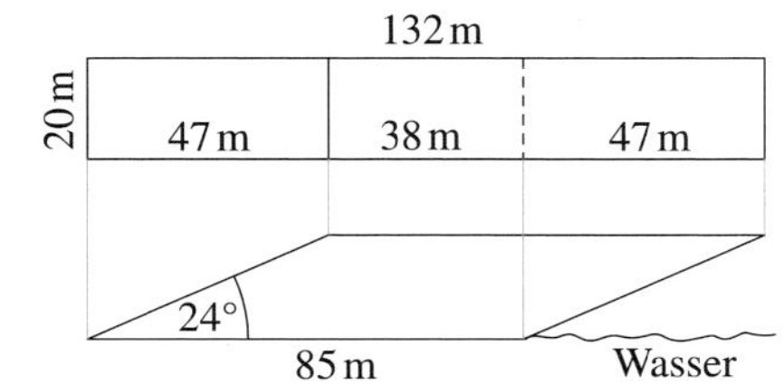

Unstimmigkeiten scheinen lediglich bei den Flächenangaben zu bestehen, jedoch nur auf den ersten Blick:

Jedes Geschoss hat etwa die Grundfläche (Außenmaße) 20 m mal 85 m. Für Außenwände und durch Schrägen verkleinert sich die Fläche auf grob geschätzte 18 m mal 80 m.

18 m · 80 m = 1440 m²; bei 6 Etagen: 6 · 1440 m² = 8640 m² Gesamtfläche

Diese Angabe stimmt weitgehend mit der im Text genannten Bruttogeschossfläche überein.

Die genannten 700 m² Bürofläche pro Etage kommen vermutlich durch Wegfall von Flächen für Flure, Zwischenwände usw. zustande.

2

Das Fenster ist geschätzt so hoch wie 4 Personen: 4 · 1,80 m = 7,2 m ≈ 7 m.

Die vordere Breite beträgt geschätzt etwa 9 m. Die Breite des Fensters an der Seite des Gebäudes scheint geringer zu sein, grob geschätzt 5 m.

Damit ergibt sich ein verglastes Dreieck der Breite 14 m und der Höhe 7 m.

$A = \frac{14 \cdot 7}{2}\text{ m}^2 = 49\text{ m}^2$ Die Hausecke besteht aus etwa 50 m² Fensterglas.

3

individuelle Entwürfe und Ergebnisse

128 Zum Weiterarbeiten

Hier empfiehlt es sich eine annähernd maßstäbliche Skizze, z.B. mit den oben geschätzten Maßen des Fensters, anzufertigen und die Rahmen einzuzeichnen. Die Gesamtlänge kann dann gemessen und berechnet werden; äußerer Rahmen zwischen 30 m und 45 m

129 4

Gebäude	Der schwarze Diamant	Hearst Tower	30 St Mary Axe	La Grande Arche
geometrische Flächen	Parallelogramm, Trapez, Rechteck, Dreieck	Dreieck, Quadrat, Rechteck, Raute	Dreieck, Raute, Rechteck	Rechteck, Trapez, Quadrat
Symmetrie-achsen	nein	ja: senkrecht mittig und an den senkrechten Kanten	ja: senkrecht an den Schnittpunkten der Dreiecke	ja. senkrecht mittig, evtl. auch quer mittig
weitere Ergebnisse individuell verschieden				

130 Vermischte Übungen

1 *Flächeninhalte von Dreiecken berechnen*

a) 4,76 cm² **b)** 13,05 cm² **c)** 23,45 cm² **d)** 24,15 cm²

2 *vorgegebenes Dreieck zeichnen; fehlende Längen messen, Umfang und Flächeninhalt berechnen*

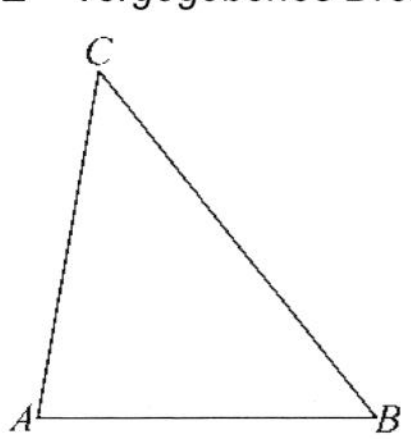

Zeichnung hier auf 50% verkleinert

$b \approx 4{,}8$ cm
$h_c \approx 4{,}7$ cm
$u \approx 15{,}3$ cm
$A \approx 10{,}6$ cm²

3 *Umfang von gleichschenkligem und gleichseitigem Dreieck berechnen*

a) $u = 5{,}7 \text{ cm} + 2 \cdot 3{,}9 \text{ cm} = 13{,}5 \text{ cm}$ **b)** $u = 3\,a = 3 \cdot 7{,}5 \text{ cm} = 22{,}5 \text{ cm}$

4 *Dreiecke mit gegebenem Flächeninhalt und gegebener Grundseite zeichnen*

$h_g = 4$ cm Es gibt unendlich viele Dreiecke dieser Art.

Vorgehensweise:

Grundseite zeichnen und eine Parallele dazu im Abstand von h_g;

auf dieser Geraden beliebig die dritten Eckpunkte festlegen und mit den Endpunkten der Grundseite verbinden

130 5 *Gruppenarbeit: Dreiecke mit Schnur gegebener Länge legen; u und A beobachten*

Die Umfänge sind (wegen der vorgegebenen Schnur) stets gleich.

Die Flächeninhalte sind verschieden, z.B.

1) gleichschenkliges Dreieck mit Basisseite $c = 10$ cm und den beiden Schenkeln mit der Länge 15 cm: $h_c \approx 14{,}1$ cm; $A \approx 70{,}5$ cm²

2) gleichschenkliges Dreieck mit Basisseite $c = 18$ cm und den beiden Schenkeln mit der Länge 11 cm: $h_c \approx 6{,}3$ cm; $A \approx 56{,}7$ cm²

mögliche Beobachtung: Ein gleichseitiges Dreieck hat den größtmöglichen Flächeninhalt (ca. 88,8 cm²).

6 *auf DIN-A4-Blatt ein Dreieck mit maximalem Flächeninhalt zeichnen*

Der größtmögliche Flächeninhalt von Dreiecken auf dem A4-Blatt ist die halbe Fläche des A4-Blattes. Von solchen Dreiecken gibt es unendlich viele Möglichkeiten, sodass keine konkreten Maße angegeben werden können.

Eine Seite entspricht einer der Blattkanten, der Eckpunkt liegt irgendwo auf der gegenüber liegenden Blattkante.

7 *Zusammenhang zwischen verlängerten Seiten und Flächeninhalt bei Dreiecken untersuchen*

Nein, denn die verlängerte Seite muss mit der auch verlängerten Höhe multipliziert werden. Damit wird der Wert der Flächenvergrößerung noch größer als 10%.

8 *Beobachtungen im Sierpiński-Dreieck anstellen*

a) Zeichenübung
$h_a \approx 8{,}7$ cm; $A \approx 43{,}5$ cm²

b) Stufe 1: $\frac{3}{4}A \approx 32{,}6$ cm²
Stufe 2: $\frac{9}{16}A \approx 24{,}5$ cm²
Stufe 3: $\frac{27}{64}A \approx 18{,}4$ cm²

c) Stufe 1: $u + \frac{3}{2}a = 45$ cm
Stufe 2: $u + \frac{3}{2}a + \frac{9}{4}a = 67{,}5$ cm
Stufe 2: $u + \frac{3}{2}a + \frac{9}{4}a + \frac{27}{8}a = 101{,}25$ cm
oder
Stufe 1: $u = 3 \cdot 3 \cdot 5 \text{ cm} = 45 \text{ cm}$
Stufe 2: $u = 9 \cdot 3 \cdot 2{,}5 \text{ cm} = 67{,}5 \text{ cm}$
Stufe 3: $u = 27 \cdot 3 \cdot 1{,}25 \text{ cm} = 101{,}25 \text{ cm}$

9 *Unterschiede zwischen verschiedenen Vierecksarten nennen*

a) Eine Raute hat vier gleich lange Seiten (die Diagonalen stehen senkrecht aufeinander).
b) Ein Trapez hat nur ein Paar paralleler Seiten. (Ein Trapez hat lauter verschieden große Winkel.)
c) Ein Rechteck hat vier rechte Winkel, ein Trapez keine. Ein Trapez hat nur ein Paar paralleler Seiten.
d) Sie sind Vierecke mit einem Paar paralleler Seiten.

10 *Darstellung zum Zusammenhang zwischen Quadrat, Raute und Drachen beschreiben*

Die Abbildung ist entsprechend zum rechten Ast im Haus der Vierecke. Ein Quadrat ist auch eine Raute und eine Raute ist auch ein Drachen. Somit ist ein Quadrat auch ein Drachen. Die jeweiligen Umkehrungen gelten jedoch nicht.

130 **11** *Darstellung zum Zusammenhang zwischen Trapez, Rechteck und Parallelogramm erstellen*

Zeichenübung

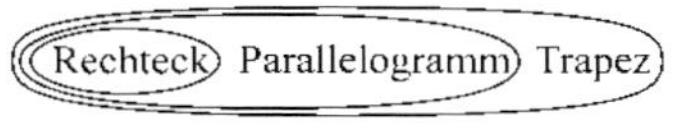

12 *Haus der Vierecke nach anderen Gesichtspunkten ordnen*

a) Quadrat — vier Symmetrieachsen
Rechteck, Raute — zwei Symmetrieachsen
Drachen (gleichschenkliges Trapez) — eine Symmetrieachse
allgemeines Viereck, Parallelogramm — keine Symmetrieachse

b) Rechteck — gleich lang, halbieren sich
Raute — verschieden lang, senkrecht zueinander, halbieren sich
Parallelogramm — verschieden lang, halbieren sich
Drachen — verschieden lang, senkrecht zueinander, eine Diagonale wird halbiert
Quadrat — gleich lang, senkrecht zueinander, halbieren sich
allgemeines Viereck, Trapez — alles unterschiedlich

Vergleich: Das Quadrat hat bei jeder Einteilung die meisten Eigenschaften, danach folgen Rechteck und Raute. Bei der Einteilung nach der Anzahl der Symmetrieachsen kommt das Parallelogramm viel später als bei den anderen Einteilungen.

13 *Parallelogramme konstruieren; Flächeninhalt berechnen*

Zeichnung hier auf 50 % verkleinert

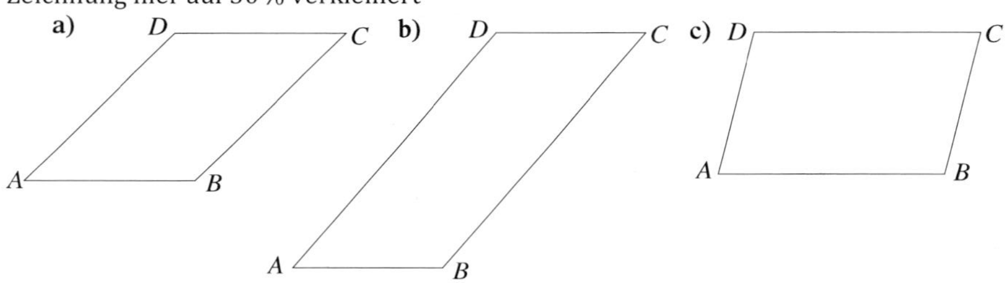

a) $h_a \approx 3{,}5$ cm; $A \approx 14$ cm²
b) $h_a \approx 5{,}7$ cm; $A \approx 19{,}95$ cm²
c) $h_a \approx 3{,}4$ cm; $A \approx 18{,}02$ cm²

14 *funktionale Veränderungen bei den Größen eines Parallelogramms umsetzen*

individuell verschieden; z.B.:

a) Seitenlängen des Parallelogramms verdoppeln, h_a beliebig, aber < 6 cm
b) Seitenlängen des Parallelogramms halbieren, h_a beliebig, aber $< 1{,}5$ cm
c) a verdoppeln, Rest bleibt
d) a halbieren, Rest bleibt
e) jede Seitenlänge um 10 % verkürzen, h_a beliebig, aber $< b$
f) a um die Hälfte verlängern auf 7,5 cm, Rest bleibt

131 **15** *Flächeninhalte von Trapezen berechnen*

a) 20,91 cm² **b)** 26 cm² **c)** 9,46 mm²

16 *zu gegebenem Flächeninhalt von Trapezen mögliche Werte für a, c und h angeben*

verschiedene Lösungen möglich, z.B.

① $a = 4$ cm; $b = 3$ cm; $h = 12$ cm oder $a = 5$ cm; $b = 3{,}4$ cm, $h = 10$ cm
② $a = 3$ cm; $b = 9$ cm; $h = 9$ cm oder $a = 4$ cm; $b = 5$ cm, $h = 12$ cm
③ $a = 40$ mm; $b = 36$ mm; $h = 20$ mm oder $a = 10$ mm; $b = 28$ mm, $h = 40$ mm
④ $a = 1$ dm; $b = 2{,}2$ dm; $h = 3$ dm oder $a = 4$ dm; $b = 5{,}6$ dm, $h = 1$ dm
⑤ $a = 200$ m; $b = 240$ m; $h = 2000$ m oder $a = 600$ m; $b = 500$ m, $h = 800$ m
⑥ $a = 210$ m; $b = 200$ m; $h = 500$ m oder $a = 200$ m; $b = 5$ m, $h = 1000$ m

17 *Flächeninhalt von Drachen berechnen*

a) 12,25 cm² **b)** 1782 cm² = 17,82 dm² **c)** 999 mm² = 0,0999 dm²

18 *Sachaufgabe: Berechnungen an Mosaikfliesen; Muster entwerfen*

a) $A = 12$ cm² **b)** verschiedene Möglichkeiten; z.B.:

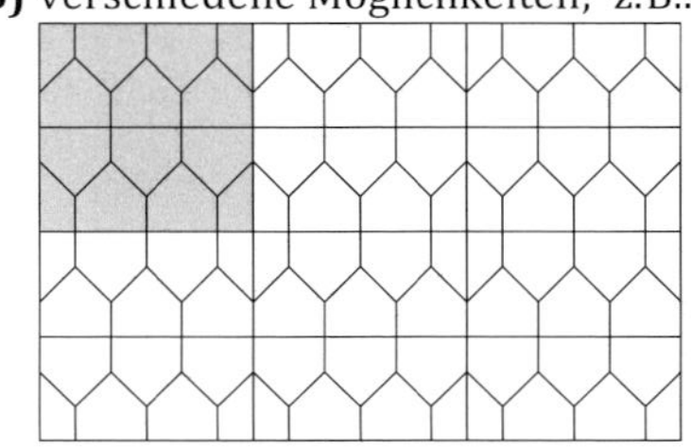

c) bezogen auf b):
$15 \cdot 12 \cdot 12$ cm² $= 2160$ cm²
Es sind 0,216 m².

19 *Flächeninhalt zusammengesetzter Figuren berechnen*

a) $8 \cdot 8$ cm² $+ 11 \cdot 6$ cm² $= 130$ cm² **b)** $20 \cdot 13$ cm² $+ 20 \cdot 20$ cm² $= 660$ cm²

20 *Sachaufgabe zu Grundstücksgrößen: Flächeninhalt und Abmessungen berechnen*

a) A 1200 m²; B 1100 m²; C 1400 m²; D 900 m²; E 800 m²; F 1400 m²
b) $150\,000 : 130 \approx 1153$
Maximal sind 1153 m² möglich, das ist bei den Grundstücken B, D und E erfüllt.
c) 120 m
d) $1400 : 80 = 17{,}5$ Das Grundstück ist 17,5 m breit.

21 *Figuren an einer Achse bzw. einem Drehzentrum spiegeln; Umfang und Flächeninhalt berechnen*

Zeichenübung

a) ① Rechteck mit $a = 3$ cm; $b = 3{,}5$ cm
② Drachen mit $a = 3$ cm; $b = 4$ cm; $e = 4{,}8$ cm; $f = 4{,}9$ cm
③ Parallelogramm mit $a = 3{,}5$ cm; $b = 5{,}2$ cm; $h_a = 5$ cm
④ Quadrat mit $a = 2{,}8$ cm
⑤ gleichschenkliges Trapez mit $a = 8$ cm; $b = d = 3{,}8$ cm; $c = 5$ cm; $h = 3{,}5$ cm
⑥ Raute mit $a = 4$ cm; $e = 4$ cm; $f = 7$ cm

131 **21** (Fortsetzung)

b) ① $u = 13$ cm; $A = 10{,}5$ cm² ② $u = 14$ cm; $A = 11{,}76$ cm²
③ $u = 17{,}4$ cm; $A = 17{,}5$ cm² ④ $u = 11{,}2$ cm; $A = 7{,}84$ cm²
⑤ $u = 20{,}6$ cm; $A = 22{,}75$ cm² ⑥ $u = 16$ cm; $A = 14$ cm²

c) Parallelogramm und „allgemeine" Trapeze, denn sie besitzen keine Symmetrieachse.

22 *mit Hilfe einer DGS Figuren finden, die durch Verbinden der Seitenmittelpunkte entstehen*
Zeichenübung

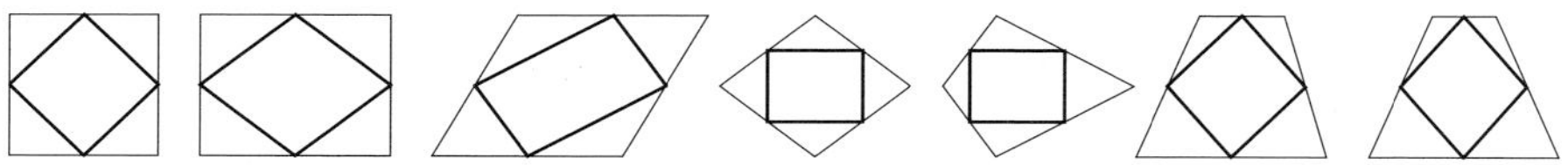

In allen besonderen Vierecken (Rechteck, Quadrat, Parallelogramm, Raute, Drachen und Trapez) entsteht ein Parallelogramm.
In einigen dieser Vierecke entstehen spezielle Parallelogramme: Im Rechteck eine Raute, im Quadrat ein Quadrat, in der Raute und im Drachen entsteht ein Rechteck, im gleichschenkligen Trapez entsteht eine Raute.

132 **Parkettierungen**

a) Zeichenübung auf dem Papier mittels Geodreieck und Parallelverschiebung oder mit einer dynamischen Geometriesoftware

b) $A = a^2 = 225$ cm² $= 15$ cm $\cdot$ 15 cm; a = 15 cm
Jede Seite der Fliese ist 15 cm lang.

c) 330 cm : 15 cm = 22; 450 cm : 15 cm : 30; 22 · 30 = 660
Es werden 660 Fliesen benötigt. (Fugen werden nicht berücksichtigt.)

d) Vorgehensweise: Man zeichnet mit dem Zirkel einen Kreis mit 6 cm Radius. Man sticht den Zirkel in einen beliebigen Punkt auf dem Kreis und schlägt einen Kreisbogen, so dass zwei Schnittpunkte mit dem Kreis entstehen. Die Schnittpunkte sind zwei weitere Eckpunkte des Sechsecks. Setzt man den Zirkel auf die neuen Eckpunkte und zeichnet erneut Kreise, so erhält man weitere Eckpunkte. Den letzten Eckpunkt erhält man auf gleiche Weise.

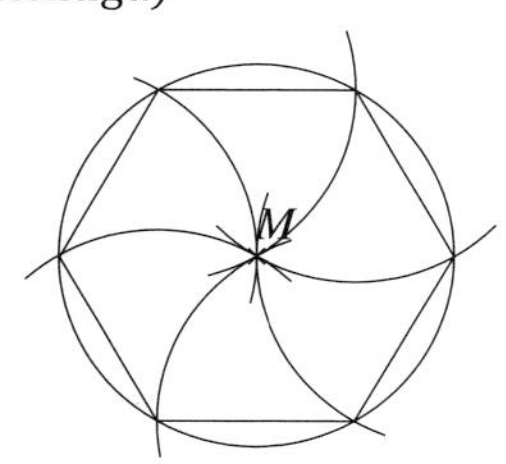

Flächenberechnung: Die Fläche lässt sich in zwei gleichschenklige Trapeze mit $a = 12$ cm, $c = 6$ cm und $h \approx 5{,}2$ cm zerlegen.
Flächeninhalt eines Trapezes: 46,8 cm²; 2 · 46,8 cm² = 93,6 cm²
Flächeninhalt des Sechsecks: 2 · 93,6 cm² = 187,2 cm².

e) Eine Fliese besteht aus zwei Trapezen mit $a = 24$ cm, $c = 12$ cm; $h = 10{,}4$ cm.
$A_{\text{Sechseck}} = 2 \cdot A_{\text{Trapez}} = 2 \cdot \frac{(247 + 12) \cdot 10{,}4}{2}$ cm² $= 374{,}4$ cm²
Das Mosaik besteht aus 7 Reihen mit je 7 Fliesen (4 mal 7 ganze Fliesen und 3 mal 6 ganze und 2 halbe Fliesen). Das sind 49 Fliesen.
49 · 374,4 cm² = 18345,6 cm² ≈ 1,83 m²
Das Mosaik hat einen Flächeninhalt von etwa 1,83 m².

132 **Parkettierungen** (Fortsetzung)

f) Es gibt verschiedene Möglichkeiten, die Parkettierung sinnvoll zu zerlegen, z.B.:

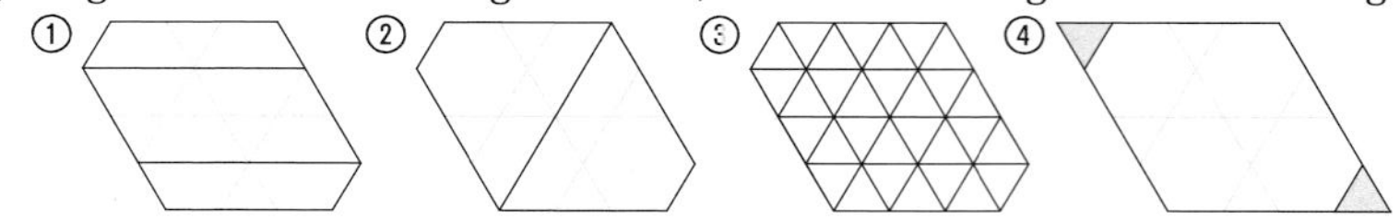

am zweckmäßigsten ist wohl ④: Parallelogramm minus zwei Dreiecke
Parallelogramm: $g = 12$ cm; $h_g \approx 10{,}4$ cm
Parallelogramm aus zwei Dreiecken: $g = 3$ cm; $h_g \approx 2{,}6$ cm
$A = 12 \cdot 10{,}4$ cm² $- 3 \cdot 2{,}6$ cm² $= 117$ cm²

g) (8 cm · 16 cm) : 2 = 64 cm² Jede Raute hat 64 cm² Flächeninhalt.
64 m² = 640 000 cm²; 640 000 cm² : 64 cm² = 10 000
Es werden ca. 10 000 Rauten benötigt.

h) Für größere Gruppen z.B. bestehen folgende Möglichkeiten die Tische anzuordnen:

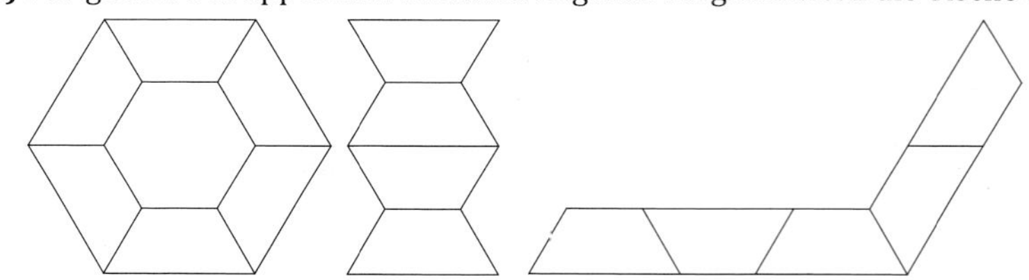

Für kleine Gruppen bestehen außerdem die in der Lösung zu Aufgabe S. 123 Nr. 4 beschriebenen Anordnungsmöglichkeiten.
Durch die Wahl der Maße entsteht z.B. in der oben links gezeigten Anordnung in der Mitte ein Sechseck, um das herum die Tische lückenlos aneinandergestellt werden können.

i) Eine Bienenarbeiterin (ohne Fühler) ist etwa so lang wie 5 Seiten von Bienenwaben.
12 mm : 5 = 2,4 mm Eine Bienenwabe hat also eine Seitenlänge von etwa 2,4 mm.
Die Gesamthöhe einer Wabe beträgt etwa 4 mm (etwa ein Drittel der Länge einer Bienenarbeiterin).
$A_{\text{Bienenwabe}} \approx 2 \cdot A_{\text{Trapez}} = 2 \cdot \frac{(4{,}8 + 2{,}4) \cdot 2}{2}$ mm² $= 14{,}4$ mm² ≈ 14 mm²
500 mm · 400 mm = 200 000 mm²; 200 000 mm² : 14 mm² = 14 285,71…
Es werden rund 14 000 Waben auf einen Stock der angegebenen Größe gebaut.
(Je nach Schätzung der Längen kann das Ergebnis etwas variieren.)

Daten

Grundanliegen dieses Kapitels ist es, den Schülerinnen und Schülern den Bereich der Datenerhebung und Datendarstellung näher zu bringen sowie sie zu einer kritischen Betrachtung von Erhebung und Darstellung zu befähigen. Die Darstellung von Daten in Diagrammen wird um die zweiseitige Darstellung in Balkendiagrammen, um Boxplots, ein- und zweiseitige Stängel-Blätter-Diagramme sowie um die Darstellung mit Hilfe eines Tabellenkalkulationsprogramms erweitert. Auf den Seiten zur kritischen Betrachtung von Datenerhebungen und -darstellungen sollen die Schülerinnen und Schüler für gewollte Manipulationen sensibilisiert werden und die Hintergründe dafür kennen lernen.

136 Noch fit?

1 *statistische Kennwerte von Datenreihen berechnen*

a) Minimum: 156 cm; Maximum: 181 cm **b)** Spannweite: 25 cm
c) Zentralwert: 163,5 cm **d)** 164,5 cm

2 *arithmetisches Mittel und Median von Datenreihen berechnen; Unterschiede beschreiben*

a) arithmetisches Mittel: 28,30 €; Median: 20 €
Das arithmetische Mittel ist geeigneter (ausgeglichener), weil dann der „Ausreißer“ von 100 € nicht so stark ins Gewicht schlägt. (Will man jedoch für eine Taschengelderhöhung argumentieren, so sollte man eher das arithmetische Mittel nutzen.)

b) Beschreibung individuell verschieden, z.B.
Das **arithmetische Mittel** (der Durchschnitt) wird gebildet aus der Summe aller Werte dividiert durch die Anzahl der Werte. Er berücksichtigt alle vorhandenen Werte.
Der **Median** ist der Wert der geordneten Datenreihe, der in der Mitte der Reihe liegt (bzw. bei zwei mittleren Werten der Durchschnitt aus diesen beiden). Er berücksichtigt wenige sehr niedrige oder sehr hohe Werte („Ausreißer“) nicht.
Für dieselbe Datenreihe können arithmetisches Mittel und Median verschieden sein.

c) Bei Datenreihen mit „Ausreißern“ liefert der **Median** in der Regel ein Ergebnis, das näher an den Einzeldaten liegt. Das **arithmetische Mittel** ist z.B. sinnvoller, wenn Gesamtgrößen bei einer vorgegebenen Anzahl abgeschätzt werden sollen.

3 *Daten in Diagrammen darstellen*

a) Säulendiagramm:

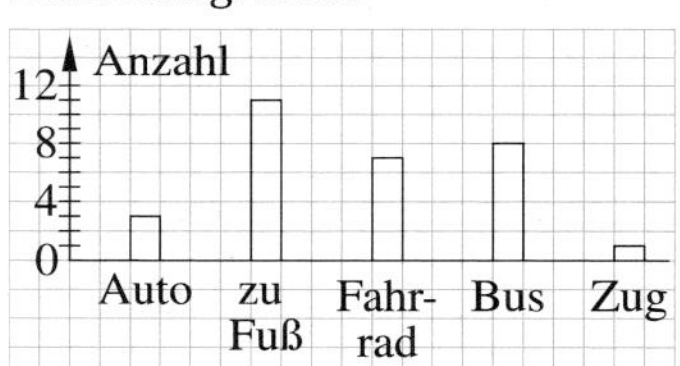

Piktogramm individuell verschieden, z.B. mit einem „Männchen“ pro Schüler.

Kreisdiagramm:
fünf Kreissegmente mit den Winkelgrößen
Auto: 36°; zu Fuß: 132°; Fahrrad: 84°;
Bus: 96°; Zug: 12°

b) individuelle Antworten; z.B. beim Kreisdiagramm: Rechenfehler beim Berechnen der Winkelgrößen; falsches Abmessen der Winkel

136 **4** *Notendurchschnitt bestimmen; Durchschnitt durch Veränderung der Daten verändern*

a) 27
b) 3,19
c) mehrere Lösungen, z.B.: 3; 9; 8; 4; 4
d) Ja, es sind mehrere Lösungen möglich, z.B. mit der Verteilung 6; 18; 1; 1; 1.
e) Der Durchschnitt erhöht sich um 0,185.

Bunt gemischt

1. 10 und 6; 8 und 0; 17 und 15; −10 und −6; −8 und 0; −17 und −15
2. 45,50 €
3. 9 Stunden
4. 3; 1
5. 310,8 cm² (je nach Messgenauigkeit)
6. $O = 2ab + 2ac + 2bc = 40\text{ cm}^2 + 48\text{ cm}^2 + 60\text{ cm}^2 = 148\text{ cm}^2$; $V = abc = 120\text{ cm}^3$

137 Daten erheben, auswerten und darstellen

Erforschen und Entdecken

1 *gegebene Fragebögen untersuchen und beurteilen*

a) Verkehrsmittel, Vorlieben, Persönlichkeit, Filme
b) Fragebogen 1: Antworten zum Ankreuzen; einmal eine Zahl nennen
Fragebogen 2: freie Antworten; Fragebogen 3: eine von zwei Möglichkeiten ankreuzen
Fragebogen 4: aus einer Skala von 1 bis 10 ankreuzen
c) Fragebogen 2 ist schwieriger auszuwerten, da keine Antwortmöglichkeiten vorgegeben sind.
d) individuell verschieden, z.B. gut lesbar, übersichtlich, gut verständlich, Fragen eindeutig beantwortbar, gut auswertbar

2 *gegebene Auswertung eines Fragebogens geeignet darstellen*

a) Diskussionsaufgabe (z.B. zweiseitiges Balkendiagramm)
b) Zeichenübung, z.B.:

1. Ist es schwer für dich Gefühle zu zeigen?

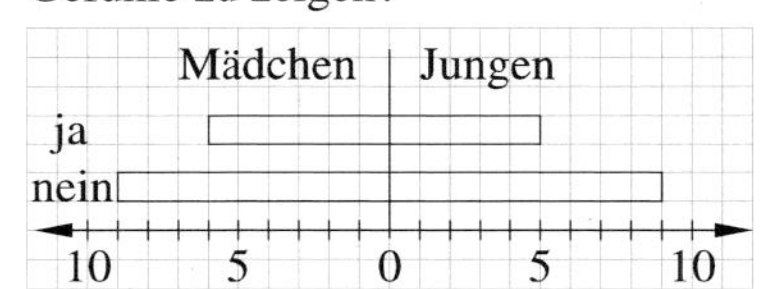

2. Du siehst, wie sich zwei Leute ernsthaft prügeln. Wie reagierst du?

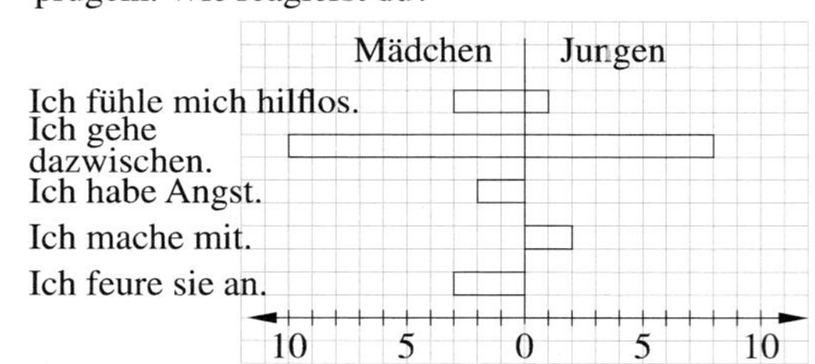

137 **3** *Darstellungsformen für freie Antworten finden*
Die Häufigkeiten der unterschiedlichen Nennungen können aufgelistet werden.
handlungsorientierte Aufgabe; z.B. Histogramm
Eventuell könnten ähnliche Antworten durch Oberbegriffe zu Gruppen zusammengefasst werden.

139 Basisaufgaben

1 *Fragebogen analysieren; Fragen erstellen*
a) 1. Frage: mit einer Skala
2. Frage: offene Frage
3. Frage: Antworten zum Ankreuzen
b) Fragen analog zu den Fragen in der Aufgabenstellung

2 *Fragebogen aus gegebenen Fragen erstellen*
Es gibt jeweils verschiedene Möglichkeiten die Frage sinnvoll zu präsentieren; z.B.:
1. Frage: Skala oder Antworten zum Ankreuzen
(z.B. weniger als 1 Stunde; 1 bis 2 Stunden; mehr als 2 Stunden)
2. Frage: Fächer zum Ankreuzen oder offene Frage
3. Frage: Antworten zum Ankreuzen oder Skala
(z.B. toll <---> blöd oder sinnvoll <-> sinnlos)
4. Frage: Skala (immer <---> nie) oder Antworten zum Ankreuzen
(z.B. ja/nein/kommt auf das Fach an oder nie/manchmal/häufig/immer)
5. Frage: Antworten zum Ankreuzen oder Skala

3 *Gruppenarbeit: Umfrage entwickeln, durchführen und auswerten*
a) prozessorientierte Aufgabe **b)** individuell verschieden
c) Präsentationsaufgabe **d)** individuell verschieden

4 *Gruppenarbeit: Umfrage durchführen und auswerten; Ergebnisse vergleichen*
individuell verschieden

5 *Fragebögen kritisch beurteilen und verbessern*
a) 1. Fernsehverhalten; 2. Erziehungsstil der Eltern; 3. Taschengeld; 4. Kleidung und Make-up
b) Beurteilung und Änderungsvorschläge individuell verschieden, z.B.
Fragebogen 1: Überschrift und Abfrage, ob m oder w, ergänzen
Fragebogen 2: Überschrift ergänzen
Fragebogen 3: bei 2. Frage Klasseneinteilung vornehmen (z.B. weniger als 10 €; 10 € bis 15 €; 15 € bis 20 €; 20 € bis 25 €; mehr als 25 €)
Fragebogen 4: Überschrift ergänzen; mehr Antwortmöglichkeiten bei 1. Frage

140 **6** *mögliche Fragestellungen zu gegebenen Diagrammen finden*
z.B. links: Klassensprecherwahl
rechts: Möchtest du den Mofa-Führerschein machen?

140 **7** *Daten in zweiseitigem Balkendiagramm darstellen*
a) Diskussionsaufgabe
b)
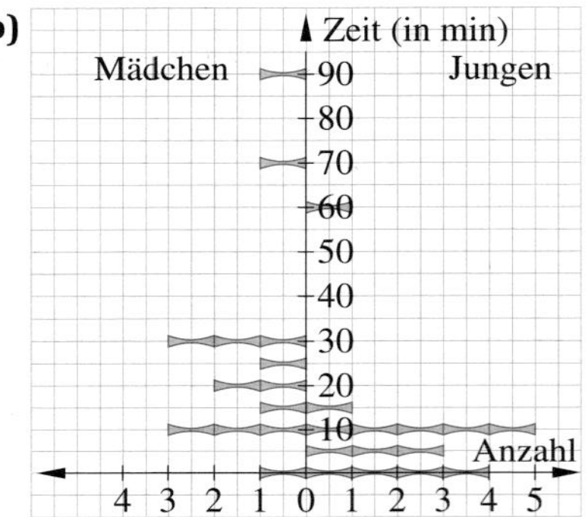

8 *Untersuchungen mit Unterscheidung Junge - Mädchen recherchieren und präsentieren*
Recherche-, Präsentations- und Zeichenübung

Weiterführende Aufgaben

9 *Stängel-Blätter-Diagramm auswerten; mit zweiseitigem Balkendiagramm vergleichen*
individuelle Ergebnisse, z.B.:
a) Die Anzahl der Nullen neben einer Zahl *n* entsprechen dem Vorkommen einer Zahl mit der Zehnerstelle *n* und der Einerstelle 0. Die Anzahl der Fünfen daneben entsprechen dem Vorkommen der Zahl mit der Zehnerstelle *n* und der Einerstelle 5.
Beispiel: Im linken Diagramm stehen neben der Zahl 2 zwei Nullen und eine 5. Also gibt es in der Datenreihe die Zahlen 20, 20 und 25.
Im rechten Diagramm sind die Daten nach dem gleichen System, aber wie in den zweiseitigen Balkendiagrammen, getrennt nach Jungen und Mädchen, aufgelistet.
b) Erklärungsübung, z.B. Aus der gegebenen Datenreihe wurden alle Ziffern der Zehnerstellen sortiert übereinander geschrieben. Im linken Diagramm wurden die Einerziffern je nach Häufigkeit hinter die jeweilige Zehnerziffer geschrieben, im rechten Diagramm genauso, aber nach Jungen und Mädchen getrennt.

10 *Daten auf Darstellbarkeit in Stängel-Blätter-Diagramm prüfen*

monatlicher Taschengeldbetrag	→ darstellbar (quantifizierbar und nach oben und unten begrenzt)
Lieblingsfilme	→ nicht darstellbar (nicht quantifizierbar)
Körpergrößen einer Schulklasse	→ darstellbar (quantifizierbar und eingegrenzt)
Wichtigkeit von Freundschaften	→ nicht darstellbar (nicht quantifizierbar)
Schuhgrößen einer Klasse	→ darstellbar (quantifizierbar und eingegrenzt)

140 **11** *Stängel-Blätter-Diagramme erstellen*

9	3
8	2
7	5
6	0 1 2 3
5	
4	5 7
3	2
2	5 6 8
1	1 3 3 4 9
0	1 1 3 4 8 8

männlich		weiblich
	9	3
	8	2
5	**7**	
2 0	**6**	1 3
	5	
7	**4**	5
2	**3**	
8	**2**	5 6
9 3	**1**	1 3 4
8 8 1	**0**	1 3 4

141 **12** *Balkendiagramm interpretieren*

Text individuell verschieden, z.B.:

Das Abkommen von der Fahrbahn war die häufigste Unfallursache im Jahr 2012. Das gilt insbesondere für junge Fahrer im Alter von 18 bis 24 Jahre, bei denen fast 25% der Unfälle auf diese Ursache zurückgehen. Auch bei weiteren Unfallursachen liegen die 18- bis 24-Jährigen leicht vorn: überhöhte Geschwindigkeit in der Kurve, Fehler beim Überholen, Abkommen von der Fahrbahn nach links, unangepasste Geschwindigkeit und Schleudern. Unfälle durch Missachten der Vorfahrt, Fehler beim Ab- und Einbiegen sowie durch Auffahren oder mangelnden Abstand wurden dagegen von jungen Fahrern seltener als vom Durchschnitt aller Fahrer verursacht.

13 *Balkendiagramm interpretieren*

Text individuell verschieden, z.B.:

Über die vier untersuchten Jahre lässt weder bei den Jungen (Werte zwischen 21,8% und 30,7%) noch bei den Mädchen (Werte zwischen 12,8% und 20,1%) ein klarer Trend erkennen. Deutlich zu erkennen ist, dass bei den Jungen mehr getrunken wird als bei den Mädchen.

14 *Balkendiagramm interpretieren und in mehrreihige Darstellung übertragen*

a) Entwicklung der Altersstruktur der Bevölkerung in NRW 1961 bis 2012

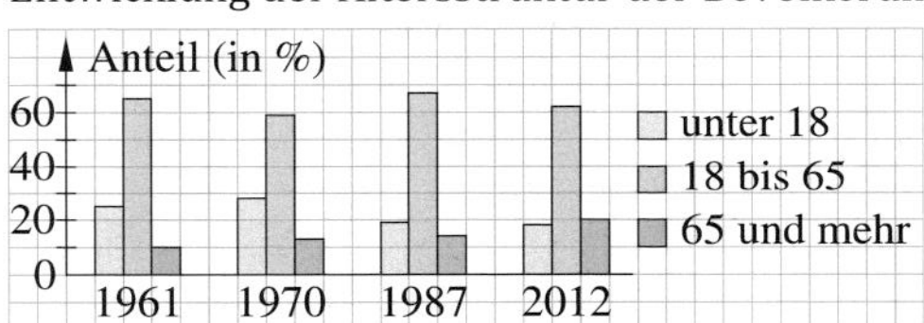

b) Vergleich individuell verschieden, z.B.:

Vorteil des mehrreihigen Säulendiagramms: Man kann die Entwicklung in den einzelnen Altersklassen besser ablesen und vergleichen.

In der ursprünglichen Darstellung kann man die Verteilung und deren Verschiebung innerhalb der Gesamtheit von 100% besser erkennen.

141 **15** *Daten in zweiseitigem Diagramm zusammenfassen*

Zeichenübung; Darstellung z.B. in einem Säulendiagramm mit zwei Datenreihen:

Europawahl 2014 (U18- und Bundesergebnis)

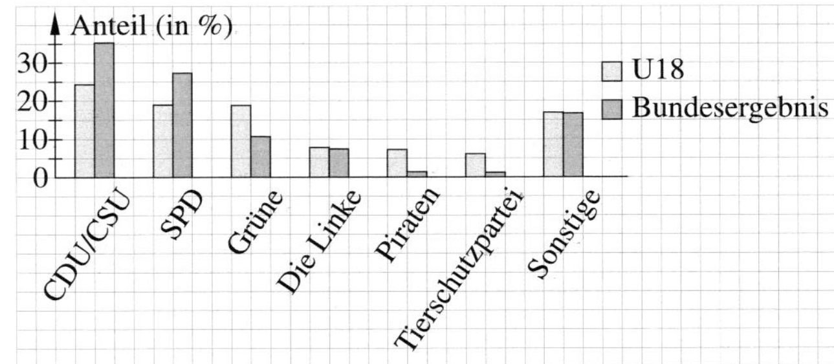

142 Methode: Boxplots

Hier wird anhand eines Beispiels erklärt, wie ein Boxplot entsteht und wie man einen solchen Diagrammtyp lesen muss. Es folgen sowohl Aufgaben zum Erstellen eines Boxplots als auch eine Aufgabe, bei der ein vorhandener Boxplot interpretiert werden soll.

1 *Boxplot zum Fernsehkonsum zeichnen*

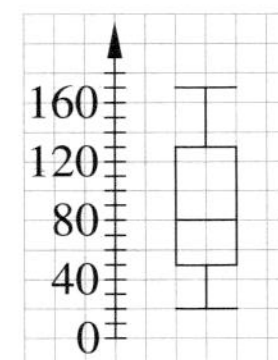

2 *Boxplots zur Reaktionszeit zeichnen*

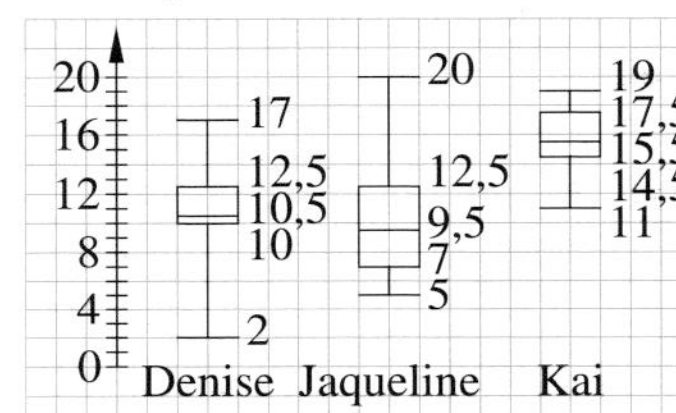

3 *Boxplots zur Reaktionszeit interpretieren*

Simone hat insgesamt gesehen eine kürzere Reaktionszeit, Henning weist dafür eine geringere Streuung bei seinen Reaktionszeiten auf.

143 Manipulationen bei Fragen und Darstellungen

Erforschen und Entdecken

1 *Manipulation durch gegebene Antwortmöglichkeiten zum Thema Freundschaft erkennen*
Durchführung einer Umfrage
Fragebogen 2 ist besser geeignet, um möglichst viele positive Antworten zu erhalten. In diesem Fragebogen wird die positive Antwortmöglichkeit aus Fragebogen 1 (stimme zu) noch einmal aufgefächert in drei positive Antworten (stimme voll zu; stimme zu; stimme teilweise zu). Dadurch können z.B. Personen, die nur eingeschränkt zustimmen, auf Fragebogen 2 positiv antworten, während sie auf Fragebogen 1 möglicherweise „stimme nicht zu" angekreuzt hätten.
Die Auswahl der Antwortmöglichkeiten kann das Ergebnis einer Umfrage beeinflussen.

2 *Manipulationen in Diagrammen erkennen und diskutieren (Verhältnis von Flächen und Volumen)*
a) Diskussionsaufgabe
Diagramm ① ist am geeignetsten, weil es das Verhältnis 1 : 2 korrekt darstellt.
b) ① 1 : 2 (bezogen auf die Höhe des Münzstapels); ② 1 : 4 (bezogen auf den Flächeninhalt); ③ 1 : 8 (bezogen auf das Volumen)
c) möglicher Grund: bewusste Verzerrung (Übertreibung eines Sachverhaltes)
Solche Darstellungen (② und ③) könnte z.B. Stefan verwenden, um eine Taschengelderhöhung durchzusetzen.

3 *Manipulation in einem Säulendiagramm erkennen (Veränderungen versus absolute Werte)*
a) 25 €; 20 €; 16 €; 10 €
b) Diskussionsaufgabe: Die Darstellung vermittelt auf den ersten Blick eine Abnahme der Schulden. Da aber nur die Neuverschuldung dargestellt ist, bleibt in der Darstellung verborgen, dass die Gesamtschulden zunehmen.
c) z.B. der Schuldner selbst
d) Darstellung der Entwicklung der Gesamtschulden: Januar 25 €; Februar 45 €; März 61 €; April 71 €
e) Kreativaufgabe mit individuell verschiedenen Ergebnissen

144 Basisaufgaben

1 *Manipulationen in einem Fragebogen erkennen und beheben*
a) Beschreibung individuell verschieden, z.B.:
Im einleitenden Text wird für eine „Oase der Stille" geworben, was im Vorfeld einer Umfrage eigentlich nicht getan werden sollte.
Weiter wird ein Zusammenhang zwischen fehlender Stille und schlechten Noten angegeben, aber nicht belegt. Dazu wird in der „wir"-Form geschrieben, d.h. dem Leser wird das Gefühl gegeben, dass er die gleiche Ansicht wie der Autor des Textes vertritt.
Es gibt drei zustimmende, jedoch nur eine ablehnende Antwortmöglichkeit.
Die Wortwahl bei den Antwortmöglichkeiten ist für die drei positiven Antworten nicht neutral, sondern relativ euphorisch, was wiederum beeinflussend wirken kann. Außerdem meinen die beiden Antworten „unbedingt" und „gute Idee" eigentlich das Gleiche.

144 1 (Fortsetzung)
b) individuell verschieden, z.B. Weglassen des einleitenden Textes; Frage kann beibehalten werden; zwei Antwortmöglichkeiten: ja / nein

2 *manipulativen Fragebogen entwerfen*
handlungsorientierte Aufgabe mit individuell verschiedenen Ergebnissen
Fragebogenentwürfe z.B. analog zum Fragebogen aus Basisaufgabe 1

145 3 *manipulative Fragestellung formulieren*
„Darf ich beim Musikhören Hausaufgaben machen?"

4 *Manipulation in einem Piktogramm erkennen und erklären (verfälschendes Größenverhältnis)*
Der kleine Schein ist nicht halb so groß wie der größere, sondern entspricht nur einem Viertel desselben (denn es wurden beide Seitenlängen halbiert, nicht nur eine).

5 *Manipulation im Piktogramm verdeutlichen (verfälschendes Größenverhältnis)*

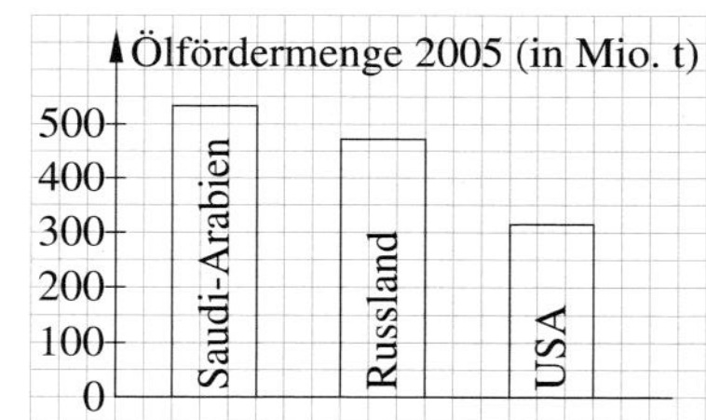

Die dargestellten Piktogramme (Ölfässer) unterscheiden sich sowohl in der Höhe als auch im Durchmesser. Dadurch wirken die Unterschiede stärker.
Eine korrekte Darstellung erhielte man z.B., wenn die Fässer bei gleichem Durchmesser proportional zur Fördermenge unterschiedlich hoch wären.

6 *Manipulationen in einem Diagramm beschreiben*
Die Wolkenhöhen stehen im richtigen Verhältnis zueinander. Aber durch die zweidimensionale Darstellung – die Wolkenfläche wird gezeichnet – ist das Verhältnis nicht mehr richtig; die Unterschiede scheinen größer zu sein als sie sind.

Weiterführende Aufgaben

7 *manipuliertes Säulendiagramm für die Entwicklung von Schulden zeichnen*

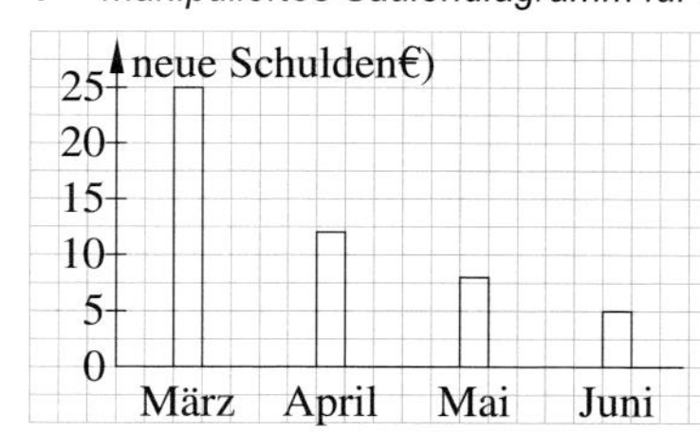

145 **8** *verschiedene Sachverhalte in einem korrekten und einem manipulierten Diagramm darstellen*

korrekte Darstellung z. B.

a) Sinas Zimmer ($20\ m^2$) Stefans Zimmer ($10\ m^2$)

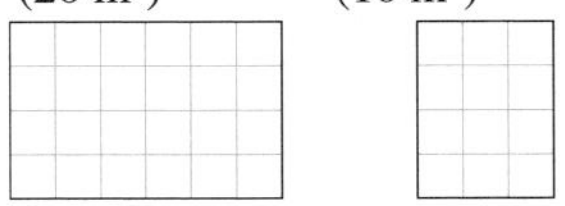

b)

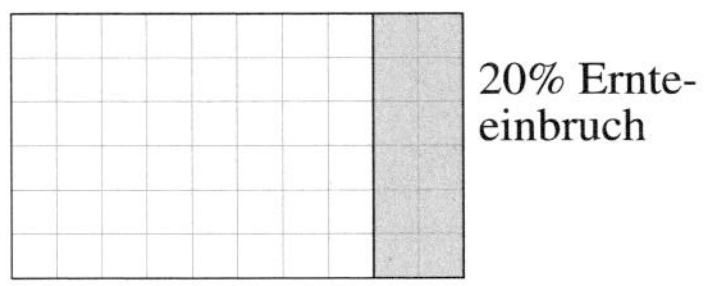

c) im Straßenverkehr verunglückte Jugendliche

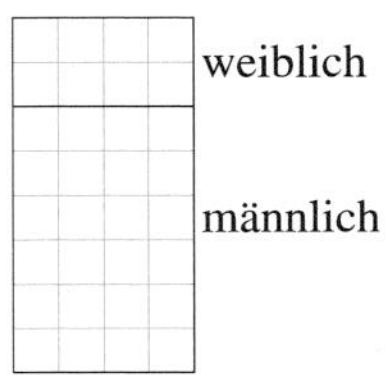

manipulierte Darstellung z. B.

Sinas Zimmer ($20\ m^2$) Stefans Zimmer ($10\ m^2$)

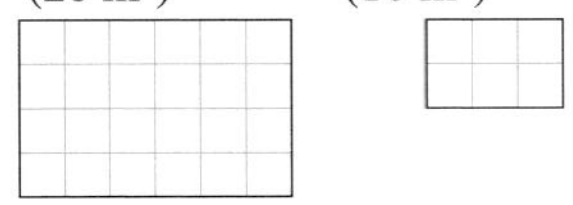

(aus Stefans Sicht)

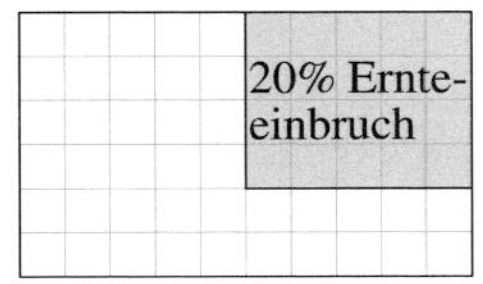

(aus Sicht von Bauern, die Schadensersatz fordern)

im Straßenverkehr verunglückte Jugendliche

männlich weiblich

(z. B. aus Sicht der Leute, die besonderen Verkehrsunterricht für Jungen fordern)

9 *Sachverhalte auf verschiedene Weisen als Diagramm darstellen; Absichten erläutern*

Darstellungen z. B.:

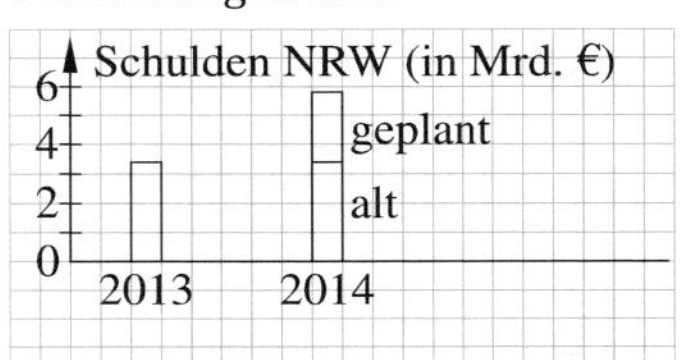

Absicht z. B.: Es soll verdeutlicht werden, dass die Gesamtsumme der Schulden durch die geplante weitere Neuverschuldung erheblich wächst.

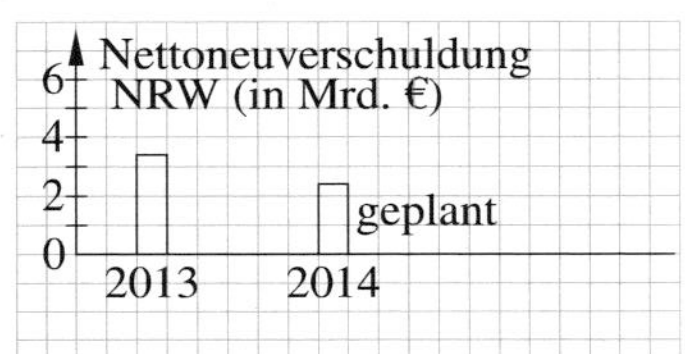

Absicht z. B.: Es soll gezeigt werden, dass die geplante Neuverschuldung geringer ist als die Neuverschuldung im Vorjahr.

145 **10** *Fehler in Kreisdiagramm erklären*

Jeder Zweite lebt allein: Wenn die Prozentsätze sich auf die Anzahl der Haushalte und nicht der Personen beziehen, stimmt die Aussage nicht. In diesem Falle leben in den 51,4 % Mehrpersonenhaushalten deutlich mehr als 51,4 % der Bevölkerung, in Singlehaushalten leben dann höchstens 27 %. Eine genauere Aussage ist wegen der Rubrik „4 und mehr Personen“ nicht möglich.

146 Methode: Tabellenkalkulation – Diagramme erstellen

Daten lassen sich übersichtlich und einfach mit Hilfe eines Tabellenkalkulationsprogramms darstellen. Hat man einmal alle Daten eingegeben, so lassen sich leicht viele verschiedene Diagrammtypen erstellen und miteinander vergleichen.

Auf den beiden Seiten wird anhand eines Beispiels Schritt für Schritt erklärt, wie ein Tabellenkalkulationsprogramm mit Daten „gefüttert“ wird und wie man damit arbeitet. Aufgaben zur Nutzung eines solchen Programms sind angefügt und decken unterschiedliche Bereiche ab. So wird dazu aufgefordert ein eigenes Diagramm mit Hilfe eines solchen Programms zu erstellen, dabei verschiedene Diagrammtypen auszuprobieren und darüber nachzudenken, welche überhaupt wählbar sind. Außerdem wird noch einmal auf die getrennte Darstellung in einem Diagramm eingegangen und die Möglichkeit aufgezeigt, wie ein solches Programm Befehle sofort umsetzt und man die Entstehung mitverfolgen kann.

147 **1** *Diagramm mit Hilfe eines Tabellenkalkulationsprogramms erstellen*

Übung am Computer; individuell verschiedene Ergebnisse

2 *Diagrammtypen erkunden; geeigneten Diagrammtyp wählen*

Die Diagrammtypen „Oberfläche“ und „Kurs“ sind nicht wählbar, da die Daten nicht dem erwarteten Format entsprechen. Andere Diagrammtypen wie z. B. „Netz“ oder „Blase“ ergeben keine aussagekräftigen Diagramme. Bei Kreis- oder Stabdiagrammen ist die Ausgabenentwicklung schlechter abzulesen als im Säulendiagramm.

3 *Diagramm anhand eines gegebenen Beispiels erstellen (Vergleich von Ausgaben)*

Übung am Computer; individuell verschiedene Ergebnisse

4 *Diagramm anhand eines gegebenen Beispiels erstellen (Wachstunden einer Woche)*

Übung am Computer; individuell verschiedene Ergebnisse

5 *Vorteile der Diagrammerstellung mit einem Tabellenkalkulationsprogramm nennen*

exakte Darstellung; sofortige Anpassung des Diagramms bei Änderung der Daten; vielfältige Diagrammtypen; Zeitersparnis

148 **Vermischte Übungen**

1 *Fragebögen kritisch betrachten und ergänzen*

a) Fragebogen 1 beschäftigt sich mit Geschenken, er enthält nur Antwortmöglichkeiten zum Ankreuzen. Der zweite Bogen fragt ab, wie jeder Einzelne Weihnachten feiert. Die Antworten sind größtenteils offen, es gibt eine Möglichkeit zum Ankreuzen. Fragebogen 3 erkundet, wie wichtig der Besuch der Kirche zu Weihnachten ist. Er enthält Antwortmöglichkeiten zum Ankreuzen sowie offene Fragen, bei denen begründet werden muss.

b) individuell verschieden, je nachdem, was in Erfahrung gebracht werden soll

c) z.B. zu Bogen 2: Zu uns kommt der Weihnachtmann. ja/nein

2 *Fragebogen nach Vorgaben entwickeln*

individuelle Ergebnisse möglich, z.B.

offene Fragen: Wie fühlst du dich in einem unaufgeräumten Zimmer?
Welche Bereiche deines Zimmers räumst du ungern auf?
Wer sagt dir, dass du aufräumen sollst?

Fragen mit Antwortmöglichkeiten zum Ankreuzen:
Wie viel Stunden verbringst du pro Woche mit dem Aufräumen deines Zimmers?
(weniger als 1; 1 bis 3; mehr als 3 Stunden)
Welche dieser Arbeiten erledigst du in deinem Zimmer?
(Staubsaugen; Aufräumen; Staub wischen; Fenster putzen; Bett machen; Lüften)

Fragen mit Positionierungsmöglichkeit auf einer Skala:
Wie wichtig ist dir ein aufgeräumtes Zimmer? (sehr wichtig <---> ganz unwichtig)
Wie häufig gibt es Auseinandersetzungen mit deinen Eltern wegen der Ordnung in deinem Zimmer? (nie <---> ständig)

3 *Fragebogen nach Vorgaben entwickeln*

individuelle Ergebnisse; z. B.
Wie viele Stunden verbringst du pro Tag am Handy?
Wann stellst du dein Handy an? bzw. Wann stellst du dein Handy nicht an?
Wann stellst du dein Handy auf „lautlos“?

4 *Fragebogen nach Vorgaben entwickeln*

individuelle Ergebnisse, z.B. Einleitung mit einem Text, der die Eigenschaften des eigenen Vereins hervorhebt:
„Fußball Schauen macht am meisten Spaß, wenn du zu einem Verein hältst, der aus deiner Nähe kommt/der auch international viel Erfolg hat/der auch mal verliert...“
mögliche Fragen:
„Mein Lieblingsverein ...
□ spielt natürlich in der ersten Liga. □ hat auch schon mal in der zweiten Liga gespielt.
□ schafft es nicht in die erste Liga. □ ist nicht gut genug für die erste und zweite Liga.“

148 **5** *Umfrage durchführen; Ergebnisse mit Hilfe verschiedener Diagramme darstellen*

handlungsorientierte Aufgabe; Diagramme den erhobenen Daten entsprechend oder mit den gegebenen Daten:

a)

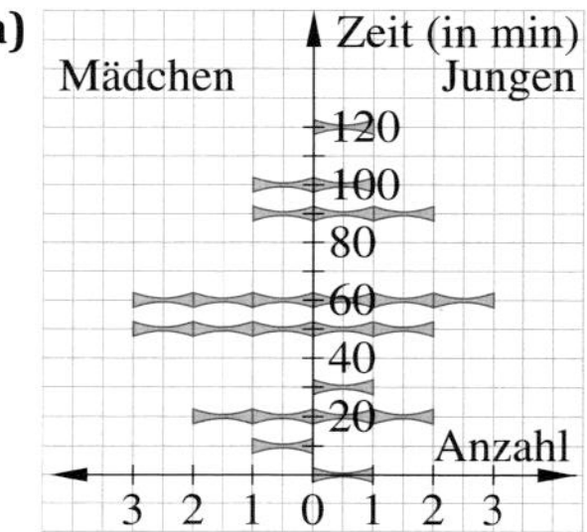

b)

Mädchen		Jungen
	12	0
	11	
0	10	0
0	9	0 0
	8	
	7	
0 0 0	6	0 0 0
0 0 0	5	0 0
	4	
	3	0
0 0	2	0 0
0	1	
	0	0

c)

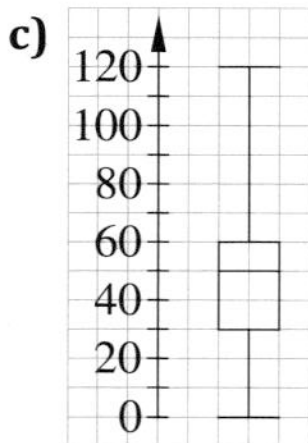

6 *Säulendiagramm mit zwei Datenreihen interpretieren*

a) Das Diagramm sagt aus, dass im Jahr 2010/11 der größte Teil der Absolventen die Hochschul- oder Fachhochschulreife oder den Realschulabschluss erreicht haben. Nur etwa 20 % aller Schüler haben den Hauptschulabschluss gemacht; ein sehr geringer Anteil ist ohne Schulabschluss geblieben.
Gleichzeitig gibt das Diagramm Auskunft über den jeweiligen Anteil männlicher und weiblicher Absolventen: Fast 10 % mehr Mädchen als Jungen haben die Hochschul- oder die Fachhochschulreife erlangt. Den Realschulabschluss haben etwa gleich viele Mädchen und Jungen erreicht. Mehr Jungen als Mädchen erreichten keinen Schulabschluss bzw. den Hauptschulabschluss.

b) Diskussion der Gründe individuell verschieden

149 **7** *Säulendiagramm zu Gewinnen und Verlusten bei Wahlen erstellen*

Gewinne und Verluste bei der Bundestagswahl 2013

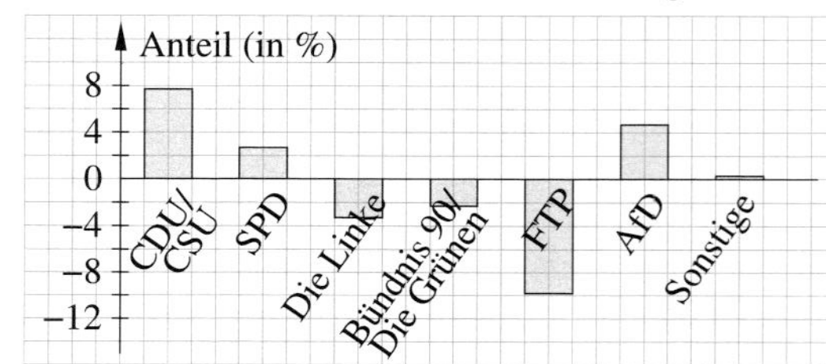

149 **8** *Diagrammtypen vergleichen; Vor- und Nachteile angeben*

Säulendiagramme, zweiseitige Balkendiagramme und Stängel-Blätter-Diagramme veranschaulichen die Daten immer mit Säulen bzw. Balken. Auch die Blätter am Stängel-Blätter-Diagramm bilden Balken, deren Breite entscheidend ist. Nur der Boxplot ist völlig anders aufgebaut.

Diagrammtyp	Vorteil	Nachteil
Säulendiagramm	leicht lesbar	Die einzelnen Daten gehen verloren.
zweiseitiges Balkendiagramm	Man kann zwei Gruppen einander gegenüberstellen.	Die einzelnen Daten gehen verloren.
Stängel-Blätter-Diagramm	Die einzelnen Daten sind alle noch erkennbar.	nicht so übersichtlich und nur lesbar für jemanden, der diesen Diagrammtyp kennt
Boxplot	gibt eine besondere Übersicht über die häufig genannten Daten und die Ausreißer nach oben und nach unten	nur für Geübte lesbar

9 *Fehler in Diagramm finden und korrigieren*

a) Die y-Achse beginnt nicht bei 0.

b) Carina bekommt jedes Jahr weniger Geld. Durch diese Darstellung erscheint z.B. der Unterschied zwischen dem Betrag aus 2006 und dem von 2007 größer, als er es in Wirklichkeit ist.

c)

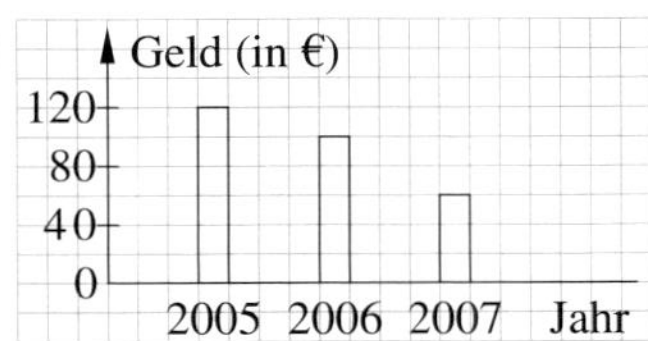

10 *Flächendarstellung prüfen und korrigieren*

a) Die Wohnfläche hat sich etwa um das 1,15-fache erhöht.

b) Das Diagramm gibt die Daten nicht korrekt wieder, denn es wurden Länge **und** Breite mit 1,15 multipliziert.
Das obere Rechteck ist 12,5 cm² groß, das untere Rechteck 16,675 cm², aber $12{,}5\ \text{cm}^2 \cdot 1{,}15 = 14{,}375\ \text{cm}^2$. Das untere Rechteck muss einen Flächeninhalt von etwa 14,4 cm² haben, also z. B. die Seitenlängen 3 cm und 4,8 cm.

11 *Diagrammdarstellung prüfen und korrigieren*

a) In dem Kreisdiagramm wurden die Stimmen für „Sonstiges" nicht mit dargestellt. Dadurch fällt ein Anteil von 14 % weg. Wenn eigentlich ein Anteil von 41 von 100 (gleich 41 %) Pizza als Lieblingsgericht genannt hatte, beträgt der Anteil nun (fälschlicherweise) 41 von 86, also etwa 48 %. Das entspricht im Diagramm fast einem Halbkreis.

b)

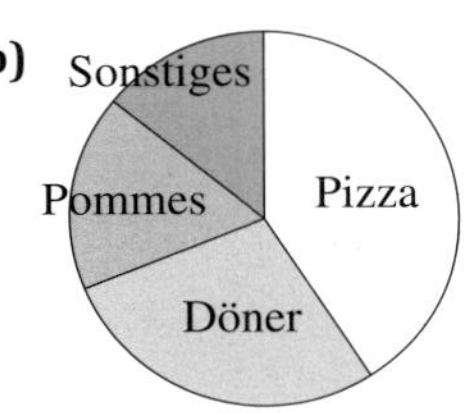

149 **12** *manipulativen Fragebogen entwickeln; Befragung durchführen; Ergebnisse geeignet darstellen*

handlungsorientierte Aufgabe; Ergebnisse individuell verschieden

150 **Auf und davon**

a) Fragebogen individuell, z.B. mit den Fragen
Wie häufig fahren Sie im Jahr in den Urlaub? (z.B. zum Ankreuzen)
Welches ist Ihr liebstes Urlaubsland? (z.B. als offene Frage)
Wie sind Sie zu Ihrem letzten Urlaubsziel gelangt? (z.B. zum Ankreuzen)
Wie wichtig ist Ihnen im Urlaub die Möglichkeit Sport zu treiben/wandern zu gehen/im Meer zu baden/elegant auszugehen/neue Bekanntschaften zu machen/...?
(jeweils mit Skala: sehr wichtig <–> vollkommen unwichtig)

b)

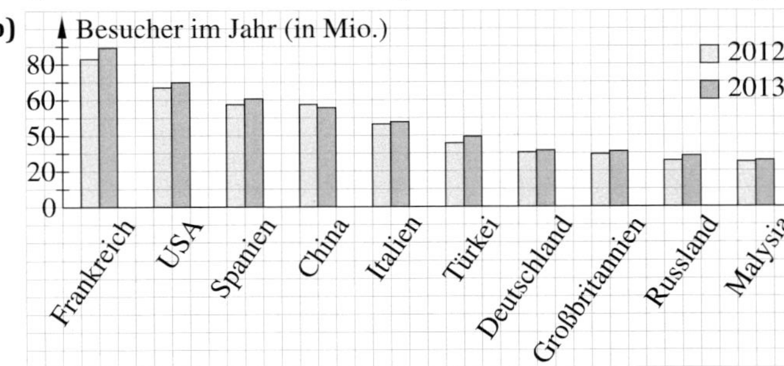

c)

								4	**2**											
					5	4	4	0	**1**	0	0	4	5							
6	5	5	5	4	3	0	0	0	**0**	0	0	0	0	2	2	3	4	5	6	6

Tage im Ausland — Tage in Deutschland

d)

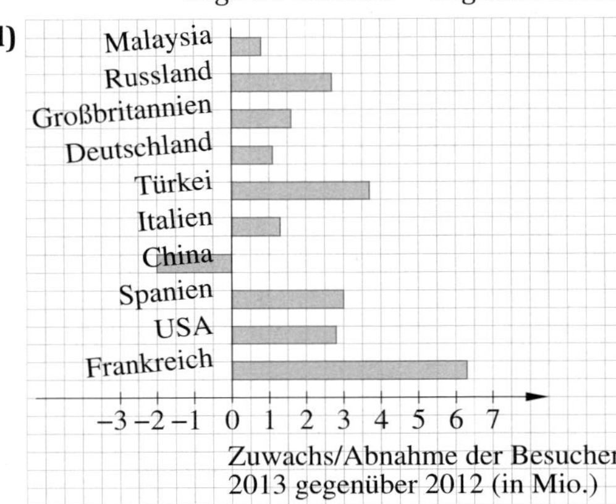

150 Auf und davon (Fortsetzung)

e) individuelle Ergebnisse; der Fragebogen könnte folgende Elemente enthalten;
einleitender Text, z. B.:
Finden Sie Deutschland auch so wunderschön wie wir? Wir, Ihre Hotelfachbetriebe Deutschlands, wünschen uns, dass Sie sich bei uns wohlfühlen.
manipulative und suggestive Wortwahl bei Fragen und Ankreuzmöglichkeiten, z. B.:
Finden Sie es erleichternd sich im Urlaub auf Deutsch verständigen zu können?
selbstverständlich/ finde ich angenehmer /auf jeden Fall / ist mir nicht so wichtig

f) Die Verbindungslinie zwischen dem Gesamt-Fluggastaufkommen der Jahre 2012 und 2013 wird steigend gezeichnet, obwohl bei einer Steigerung von 200 Mio. auf 202 Mio. Passagiere (um 1 %) die Steigung in der Zeichnung normalerweise nicht erkennbar wäre. Der optische Effekt wird durch das leicht nach oben geneigte (steigende) Flugzeug noch verstärkt.
Die Skalierung der senkrechten Achse ist nicht maßstabsgerecht (die Zahlen 36 und 47 müssten viel mehr Abstand zur Zahl 118 haben); außerdem beginnt die Achse nicht bei 0.

g) Folgende Fakten könnten z. B. verwendet werden:
– steigende Besucherzahlen (2012 zu 2013) in Spanien, Italien, der Türkei und in Frankreich
– Fast die Hälfte der 10 beliebtesten Reiseziele aller Nationen sind Mittelmeerländer.
– 35 % ihrer Urlaubsreisen (2013) verbrachten die Deutschen am Mittelmeer. Nur 7 % waren Fernreisen.
– Die Türkei, Frankreich und Spanien erzielten 2013 unter den 10 beliebtesten Reisezielen aller Nationen den größten Zuwachs an Besucherzahlen.

h) Urlaubstage im Ausland
Minimum: 0
Maximum: 24
Zentralwert: 5
unterer Viertelwert: 1,5
oberer Viertelwert: 12

Urlaubstage in Deutschland
Minimum: 0
Maximum: 15
Zentralwert: 4
unterer Viertelwert: 1
oberer Viertelwert: 8

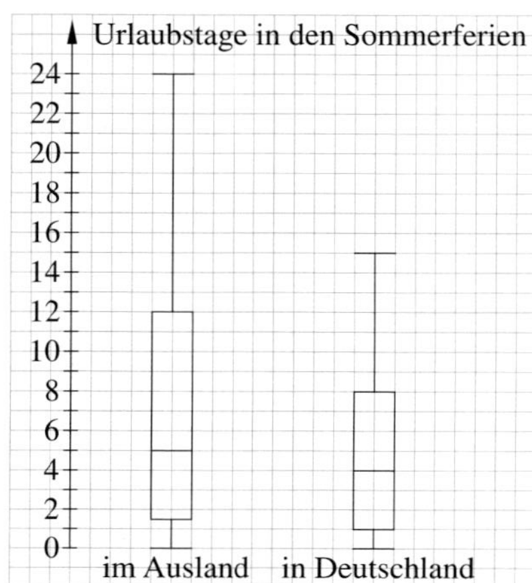

Prismen

In diesem Kapitel sollen die Schülerinnen und Schüler zunächst Prismen charakterisieren und in ihrer Umwelt identifizieren. Außerdem werden sie angeleitet, das Volumen und den Oberflächeninhalt von Prismen mit unterschiedlichen Grundflächen zu berechnen sowie Schrägbilder und Netze von Prismen zu zeichnen.

154 Noch fit?

1 *Größen in kleinere bzw. größere Einheiten umrechnen*

a) 40 mm **b)** 2,5 km **c)** 0,5 dm **d)** 6,7 cm
e) 400 mm^2 **f)** 30 000 dm^2 **g)** 0,05 dm^2 **h)** 0,67 cm^2
i) 4000 mm^3 **j)** 9 000 000 dm^3 **k)** 3000 cm^3 **l)** 0,067 cm^3

2 *Dezimalbrüche multiplizieren und dividieren*

a) 24,5 **b)** 0,63 **c)** 3,85 **d)** 7,2 **e)** 1,68 **f)** 30 **g)** 3 **h)** 0,3 **i)** 0,09 **j)** 50

3 *Umfang und Flächeninhalt von Quadraten und Rechtecken berechnen*

a) $u = 16$ cm; $A = 16$ cm^2 **b)** $u = 16$ cm; $A = 15$ cm^2
c) $u = 10{,}8$ cm; $A = 7{,}29$ cm^2 **d)** $u = 11{,}4$ cm $= 114$ mm; $A = 4{,}32$ $cm^2 = 432$ mm^2

4 *Flächeninhalte verschiedener Flächen berechnen*

① 6 cm^2; ② 5 cm^2; ③ 2,25 cm^2; ④ 8,25 cm^2; ⑤ 3,75 cm^2; ⑥ 3 cm^2

5 *Schrägbild eines Würfels zeichnen; Volumen und Oberflächeninhalt berechnen*

Zeichenübung; $V = 74{,}088$ cm^3; $A_O = 105{,}84$ cm^2

6 *Schrägbild eines Quaders zeichnen; Volumen und Oberflächeninhalt berechnen*

$V = 60$ cm^3; $A_O = 94$ cm^2; Zeichenübung – verschiedene Lagen möglich

7 *Dreiecke zeichnen*

Zeichnungen hier auf 50% verkleinert

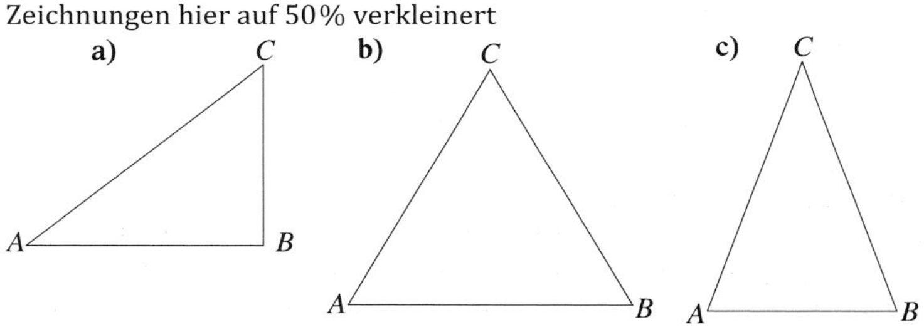

154 Bunt gemischt

1. Viereck mit zwei Paaren paralleler Seiten (gleich lang ergibt sich daraus)
2. Nein, denn $0{,}24 \cdot 100 = 24$, aber $0{,}6 \cdot 100 = 60$ und nicht 6. Das Komma muss um gleich viele Stellen verschoben werden.
3. $A = m \cdot h$; $A = \frac{a+c}{2} \cdot h$ (mit $a \parallel c$)
4. 25% von 800 € sind 200 €; 3% von 700 € sind 21 €.
5. $a = 2$ cm
6. eher 50 000 h; Überschlagsrechnung z.B.:
   14 (Jahre) · 365 (Tage pro Jahr) · 10 h (Schlafdauer pro Tag) = 51 100 h

155 Prismen erkennen und zeichnen

Erforschen und Entdecken

1 *Körperformen von Verpackungen charakterisieren und in der Umwelt identifizieren*

Antworten individuell verschieden, z.B.

a) Alle Verpackungen bis auf die Pyramide und die Eistüte vorn links haben je zwei identische Flächen (Grund- und Deckfläche), die parallel zueinander liegen. Diese Flächen sind Dreiecke, Rechtecke, Trapeze, Sechs– oder Achtecke oder ein Kreis bzw. Halbkreis.

b) Saskia hat Recht: Die Seitenflächen der meisten Körper besteht aus Rechtecken gleicher Höhe. Diese Seitenflächen bilden zusammen den Mantel (die Mantelfläche) des Körpers. (Bei diesen Körpern bildet der gesamte Mantel eine (große) Rechteckfläche.)
Saskias Aussage gilt jedoch nicht bei der Pyramide (Mantelfläche aus vier Dreiecken), bei der Eistüte (Kegel; Kreissegment als Mantelfläche) und nur bedingt beim Honig (Zylinder; „gerolltes“ Rechteck als Mantelfläche) und beim halben Zylinder.

c) z.B. Tisch– und Stuhlbeine; Bunt– und Filzstifte; Blumenvasen; Trinkgläser; Hochhäuser; Käseschachteln; Milchtüten

2 *Eigenschaften von Prismen in Abgrenzung von Zylinder und Pyramide benennen*

a) Körper ② (Zylinder) passt nicht in die Reihe, weil seine Grund- und Deckflächen kreisförmig sind. Bei allen anderen Körpern sind diese Flächen Vielecke.

b) Körper ① (Pyramide) passt nicht in die Reihe, weil er nur eine Grundfläche besitzt. Alle anderen Körper haben eine Grund- und eine Deckfläche gleicher Größe.

3 *Schrägbilder von Prismen erläutern*

a) Zeichenübung
Mika ist in der linken Zeichnung von einem Quader (mit $a = 2{,}5$ cm; $b = 2$ cm; Höhe $c = 4$ cm wie Höhe des Prismas). ausgegangen. Dieser Quader umschließt das Prisma (mit gleichseitigem Dreieck als Grundfläche), das er eigentlich zeichnen soll. Es lässt sich in das Schrägbild des Quaders hineinzeichnen, indem z.B. die hintere Quaderfläche längs halbiert wird. Man erhält die hintere senkrechte Kante des Dreiecksprismas.

155 **3** (Fortsetzung)

a) Die mittlere Zeichnung zeigt das Schrägbild desselben „umschreibenden“ Quaders. Dieses Mal hat Mika jedoch als Grundfläche das Rechteck gewählt, das aus der Grundseite a des Dreiecks und der Prismenhöhe $c = 4$ cm gebildet wird.
Die Höhe des Quaders entspricht der Dreieckshöhe 2 cm.
Im dritten Fall hat Mika zuerst das Dreieck gezeichnet und dann „nach hinten“ (in halber Länge) die Prismenhöhe abgetragen. So ergibt sich ein liegendes Dreiecksprisma.

b) In den ersten beiden Zeichnungen wird ein Quader als Hilfszeichnung genutzt. Außerdem ist die Lage des Prismas jeweils unterschiedlich.

c) individuell verschieden

Zum Weiterarbeiten

z.B.: optisch ansprechende Form; Symmetrie; Wiedererkennungswert

156 Basisaufgaben

1 *Prismen und deren Lage im Raum erkennen*

Die Körper ①, ②, ③, ④, ⑦ und ⑨ sind Prismen. (Körper ⑤ und ⑥ sind keine Prismen, weil deren Grund- und Deckflächen keine Vielecke sind; Körper ⑩ ist kein Prisma, weil seine Grund- und Deckflächen nicht parallel zueinander sind.)
Die Körper ②, ④, ⑦ und ⑨ liegen auf einer Seitenfläche.
Die Körper ①, ② und ③ stehen auf einer Seitenfläche.
Beim Quader ② ist nicht klar, welche Flächen Grund- bzw. Seitenflächen sind.

157 **2** *Prismen bei Hausformen erkennen*

Die Bedingungen für Prismen (siehe Seite 156) sind bei den folgenden Dachformen erfüllt:
Flachdach, Pultdach, Satteldach (auch einhüftig), Mansardendach, Sheddach

3 *Prismen in der Umwelt erkennen*

Der Schuttcontainer kann annähernd als prismenförmig angesehen werden. Grund- und Deckflächen sind die seitlichen (unregelmäßigen) Sechsecke, die anderen Flächen sind annähernd Rechtecke (bzw. wären Rechtecke, wenn der Container geschlossen wäre.
Der Stiftbehälter ist ein Prisma mit zwei Sechsecken als Grundflächen. Die Seitenflächen sind annähernd Rechtecke. (Durch die Perspektive sieht das hintere Sechseck jedoch kleiner aus als das vordere.)
Bei den Goldbarren sind vier Trapezflächen zu erkennen, sie sind also keine Prismen.
weitere Beispiele: siehe Seite 155 Aufgabe 1c

4 *Aussage zum Zusammenhang von Quader und Prisma untersuchen*

Maltes Aussage ist richtig. Die Oberfläche eines Quaders besteht aus drei Paaren gleich großer und parallel zueinander liegender Rechtecke. Damit ist jeder Quader ein Prisma.

5 *Schrägbilder von Prismen zeichnen*

Zeichenübung; die „nach hinten“ verlaufenden Kanten sind 4 cm lang zu zeichnen.

157 **6** *Schrägbilder von Prismen mit Hilfe von Quaderschrägbildern zeichnen*

Zeichenübung mit verschiedenen Ergebnismöglichkeiten

7 *Schrägbilder verschiedener Prismen zeichnen*

Zeichenübung; Vorgehensweise z.B.:
Man zeichnet die Prismen liegend, d. h. zuerst wird die jeweilige Grundfläche mit den angegebenen Maßen und dann die Höhe des Prismas „nach hinten“ 5 cm lang gezeichnet.

158 Weiterführende Aufgaben

8 *Schrägbild eines Hauses zeichnen; Türen und Fenster perspektivisch korrekt ergänzen*

Zeichenübung; Metermaße sind in der Zeichnung Zentimetermaße;
Linien „nach hinten“ mit 45° und 5,5 cm Länge zeichnen

9 *Schrägbild eines Quaders zeichnen; Schriftzug perspektivisch korrekt ergänzen*

Zeichenübung mit verschiedenen Möglichkeiten
Zweckmäßig wäre, die Fläche mit den Maßen 120 cm × 90 cm für die Buchstabendarstellung zu verwenden, weil sie am größten ist. Das Logo lässt sich am einfachsten einzeichnen, wenn die dafür gewählte Quaderfläche parallel zur Zeichenebene liegt.

10 *Aussagen über Prismen prüfen*

a) richtig; Die Grundfläche mit den wenigsten Ecken ist ein Dreieck.
b) falsch; Sie sind senkrecht zueinander. Grund- und Deckflächen sind parallel zueinander.
c) richtig; siehe b)
d) falsch; Ein fünfseitiges Prisma (Fünfeck als Grundfläche) hat 10 Ecken.
e) falsch; Gegenbeispiel: Ein Dreiecksprisma besitzt 6 Ecken und 9 Kanten.
f) richtig; Jede Fläche des Quaders kann Grundfläche sein.

11 *ausgehend von vorgegebenen Seitenflächen auf die Grundfläche eines Prismas schließen*

a) Die Grundfläche ist ein gleichseitiges Dreieck.

b) Nach den Angaben sind zwei verschiedene Prismen möglich:
1) Seitenlänge der Grundfläche: 5 cm; Höhe des Prismas: 4 cm
2) Seitenlänge der Grundfläche: 4 cm; Höhe des Prismas: 5 cm
Zeichenübung: Man kann das Prisma liegend mit der Grundfläche parallel zur Zeichenebene zu zeichnen. Möchte man es stehend oder quer zur Zeichenebene liegend zeichnen, so ist es sinnvoll, ein Quaderschrägbild als Hilfszeichnung zu nutzen.

158 **12** *Verhältnis der Anzahl Ecken zu den Kanten in Prismen untersuchen*

a) 6 Ecken, 9 Kanten, 5 Flächen

b)

Grundfläche des Prismas	Anzahl am Prisma		
	Ecken (E)	Kanten (K)	Flächen (F)
Dreieck	6	9	5
Viereck	8	12	6
Fünfeck	10	15	7
Sechseck	12	18	8
Siebeneck	14	21	9
Achteck	16	24	10
Neuneck	18	27	11
Zehneck	20	30	12

c) Das Prisma hat 34 Ecken, 51 Kanten und 19 Flächen
Begründung siehe d)

d) Eckenanzahl $2n$; Kantenanzahl $3n$; Flächenanzahl $n + 2$

e) 237 Ecken sind nicht möglich, da die Anzahl der Ecken gerade sein muss.
Es gibt ein Prisma mit 351 Kanten, es hat ein 117-Eck als Grundfläche.
4 Flächen sind nicht möglich, da es mindestens 3 Seitenflächen sowie eine Grund- und eine Deckfläche geben muss.

f) Nach d) gilt: $2n + n + 2 - 3n = 2$

g) ⑤ und ⑥ $E + F - K = 0 + 3 - 2 = 1$; ⑧ $E + F - K = 8 + 6 - 12 = 2$;
⑩ $E + F - K = 12 + 8 - 18 = 2$
Die Formel gilt nicht für Zylinder. Vermutung: Die Formel gilt auch für Körper mit Grund- und Deckfläche, die nicht gleich groß sind, aber die gleiche Form haben bzw. die nicht parallel zueinander liegen.

159 Mantel- und Oberflächeninhalt berechnen

Erforschen und Entdecken

1 *Netz eines Quaders mit dem eines Dreiecksprismas vergleichen*

a) Netz des Dreiecksprismas: rechts in rot; Quadernetz: links in schwarz
Begründung: Die Oberfläche eines Dreiecksprismas besteht aus zwei gegenüberliegenden gleich großen Dreiecken und drei Rechtecken, von denen eine Seite die Länge jeweils einer Dreiecksseite entsprechen muss.
Die Oberfläche eines Quaders besteht aus 3 Paaren gleich großer, gegenüberliegender Rechtecke.

b), c) Zeichenübung

d) Anhand der Markierungen aus c) erkennt man, dass zwei Rechteckfläche sowohl im Netz des Quaders als auch im Netz des Dreiecksprismas vorkommen. Außerdem entspricht eine der beiden kleinen Rechteckflächen im Quader den beiden Dreiecksflächen im Dreiecksprisma. Das verbleibende Rechteck des Dreiecksprismas deckt etwas mehr als das größere verbleibende Rechteck des Quaders ab.
Vom Netz des Quaders bleiben also eines der beiden kleinen Rechtecke übrig und etwas mehr als die Hälfte des ganz rechts liegenden Rechtecks. Diese „Restfläche" ist deutlich kleiner als die Oberfläche des Dreiecksprismas. Der Oberflächeninhalt des Dreiecksprismas kann also nicht zweimal so groß sein wie der des Quaders.

e) Quader: 2×6 cm²; 2×12 cm²; 2×18 cm²
Dreiecksprisma: 2×3 cm²; 1×12 cm²; 1×18 cm²; $1 \times \approx 21{,}6$ cm²

f) Quader 72 cm²; Dreiecksprisma $\approx 57{,}6$ cm²

2 *Netz und Abwicklung einer Verpackung einer Schachtel vergleichen*

a) Es ist die Dreiecksprisma-Packung vorne in der Mitte.

b) Die drei trapezähnlichen Flächen sind Klebelaschen, außerdem die beiden Dreiecke ohne zusätzliche Klebelaschen.
Gleiche Abmessungen besitzen alle Dreieckflächen und alle Rechteckflächen.

c) Zeichenübung; zweckmäßig im Maßstab 1:2

d) Dreieckflächen je $\approx 5{,}25$ cm²; Rechtecke je 72,8 cm²
Oberflächeninhalt $\approx 228{,}9$ cm²

160 Basisaufgaben

1 *Mantel- und Grund- bzw. Deckflächen in Netzen markieren*
Zeichenübung
Alle Rechtecke hier sind Seitenflächen, bilden also zusammen die Mantelfläche.
Die Dreiecke bzw. Trapeze sind Grund- und Deckflächen.

2 *Netze auf Zusammensetzbarkeit zu Prismen prüfen*

a) Nein, denn ein Dreiecksprisma besitzt nur drei Rechteckflächen, nicht vier.

b) Nein, denn die beiden Dreiecksflächen liegen nicht deckungsgleich übereinander.

c) Nein, denn es fehlt eine Rechteckfläche (genauer: ein Quadrat).

d) Prisma mit Trapez als Grund- und Deckfläche

161 **3** *Netze von Dreiecksprismen ergänzen*

Zeichenübung

Hinweis: Die Konstruktion des dritten Dreieckspunkts in c) erfolgt mit Hilfe eines Zirkels.

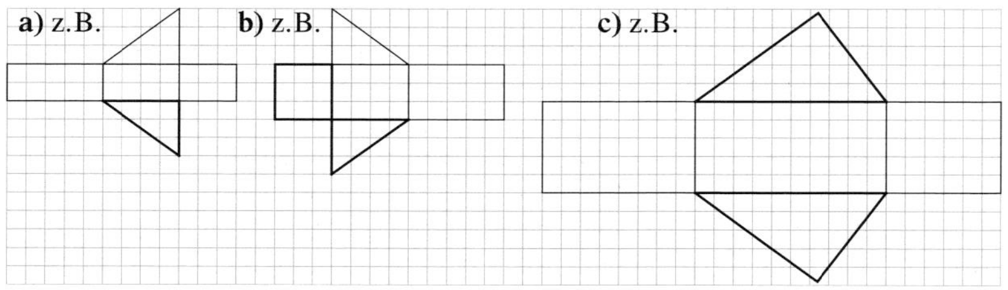

4 *zu gegebenen Grundflächen Netze von Prismen zeichnen*

Zeichenübung

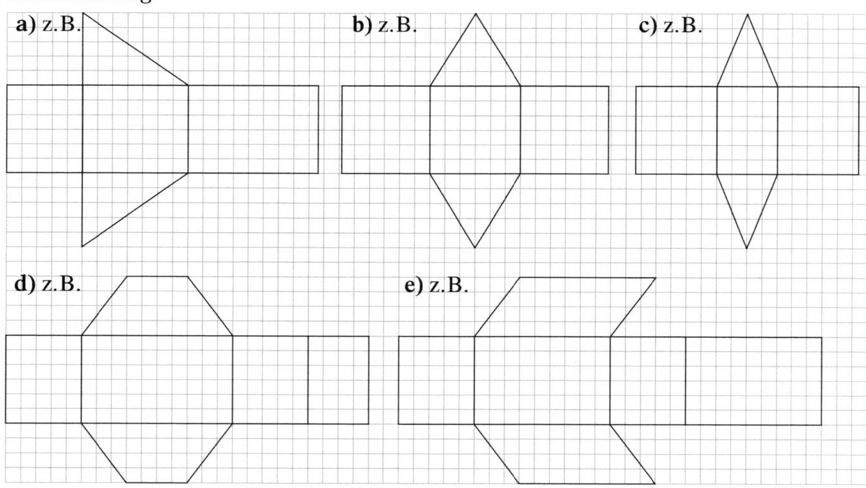

5 *Argumentationsübung: Aussage über den Oberflächeninhalt von Prismen prüfen*

Ben hat nicht bedacht, dass es zusätzlich zur Grund- und Mantelfläche auch noch eine Deckfläche gibt, die genau wie die Grundfläche 50 cm² groß ist.
Der Oberflächeninhalt beträgt also 200 cm².

6 *fehlende Flächengrößen an Prismen berechnen*

a) $A_O = 70\ \text{cm}^2$ **b)** $A_M = 50\ \text{m}^2$ **c)** $A_G = 6\,3\ \text{mm}^2$ **d)** $A_M = 24\ \text{dm}^2$
e) $A_G = 6\,40\ \text{dm}^2$ **f)** $A_O = 500\ \text{cm}^2$ **g)** $A_M = 0{,}5\ \text{m}^2$ **h)** $A_G = 6\,25\ \text{cm}^2$

7 *Oberflächeninhalt eines Dreiecksprismas schrittweise berechnen*

a) $A_G = 6\ \text{cm}^2$ **b)** $A_M = 24\ \text{cm}^2$ **c)** $A_O = 36\ \text{cm}^2$

161 **8** *Oberflächeninhalt von Prismen berechnen*

a) $A_G = 1200\ \text{cm}^2$; $A_M = 5500\ \text{cm}^2$; $A_O = 7900\ \text{cm}^2$
b) $A_G = 390\ \text{cm}^2$; $A_M = 6440\ \text{cm}^2$; $A_O = 7220\ \text{cm}^2$

9 *Oberflächeninhalt von Prismen berechnen*

a) $A_G = 12\ \text{cm}^2$; $A_M = 160\ \text{cm}^2$; $A_O = 184\ \text{cm}^2$
b) $A_G = 12{,}5\ \text{cm}^2$; $A_M = 160\ \text{cm}^2$; $A_O = 185\ \text{cm}^2$
c) $A_G = 15{,}6\ \text{cm}^2$; $A_M = 180\ \text{cm}^2$; $A_O = 211{,}2\ \text{cm}^2$

162 Weiterführende Aufgaben

10 *Oberflächeninhalt von Prismen berechnen; Grundfläche zuvor zeichnen*

a) $h_c \approx 2{,}2$ cm; $A_O \approx 74{,}7\ \text{cm}^2$ **b)** $h_a \approx 3{,}3$ cm; $A_O \approx 52{,}44\ \text{cm}^2$
c) $h_c \approx 2{,}0$ dm; $A_O \approx 26{,}54\ \text{dm}^2$ **d)** $e \approx 3$ cm; $f \approx 7{,}9$ cm; $A_O \approx 194\ \text{cm}^2$
e) $h_a \approx 3{,}5$ cm; $A_O \approx 152{,}0\ \text{cm}^2$ Lösungswort: NEPAL (Kontinent: Asien)

11 *Prismen mit flächeninhaltsgleichen Parallelogrammen als Grundfläche vergleichen*

a) Beide Parallelogramme haben gleiche Grundseiten (1,5 cm) und gleiche Höhen (2,5 cm), also ist deren Produkt (und damit der jeweilige Flächeninhalt) gleich groß.
b) Nein, durch die verschiedenen Winkel im Parallelogramm sind die Seitenlängen der Grundflächen verschieden lang und somit die Oberflächeninhalte verschieden groß.
Oder: Grund- und Deckflächen haben den gleichen Inhalt, ebenso die beiden Rechtecke, die an der Grundseite bzw. an der dazu parallelen Seite anliegen. Die anderen beiden Rechtecke haben jedoch beim zweiten Parallelogramm einen größeren Flächeninhalt.

12 *Mantel- und Oberflächeninhalt von Dreiecksprismen mit gleichem Umfang vergleichen*

a) individuell verschieden, z.B. gleichseitiges Dreieck mit $a = 5$ cm; gleichschenkliges Dreieck mit $a = b = 4{,}5$ cm und $c = 6$ cm; rechtwinkliges Dreieck mit $a = 3{,}75$ cm, $b = 5$ cm und $c = 6{,}25$ cm
b) Da die Umfänge der Grundflächen gleich sind, ist jedes Produkt mit der Höhe gleich. Es ist immer $A_M = 15\ \text{cm} \cdot 10\ \text{cm} = 150\ \text{cm}^2$.
c) Nein, die Dreiecke haben in der Regel verschiedene Flächeninhalte, somit ist auch der Oberflächeninhalt unterschiedlich groß.

13 *fehlende Größen von Prismen berechnen*

a) $A_M = 120\ \text{cm}^2$; $A_O = 140\ \text{cm}^2$ **b)** $u_G = 16$ m; $A_O = 104\ \text{m}^2$
c) $h_K = 15$ dm; $A_G = 30\ \text{dm}^2$ **d)** $h_K = 6$ m; $A_O = 73\ \text{m}^2$
e) $u_G = 12{,}8$ mm; $A_M = 64\ \text{mm}^2$

14 *Sachaufgabe: Oberflächeninhalt eines Gewächshauses berechnen*

$A_G = 2{,}2\ \text{m} \cdot 1{,}6\ \text{m} + 1{,}1\ \text{m} \cdot 0{,}8\ \text{m} = 4{,}4\ \text{m}^2$; $A_M = 6{,}2\ \text{m} \cdot 3\ \text{m} = 18{,}6\ \text{m}^2$; $A_O = 27{,}4\ \text{m}^2$

15 *Sachaufgabe zum Materialverbrauch einer Verpackung: Oberflächeninhalt berechnen*

$A_G = 95{,}625\ \text{cm}^2$; $A_M = 2494{,}9\ \text{cm}^2$; $A_O = 2686{,}15\ \text{cm}^2$
Inklusive 40% für Überlappungen und Verschnitt werden ca. 3761 cm² Pappe gebraucht.

162 **16** *Netze von Prismen mit gegebenem Oberflächeninhalt zeichnen*

a) $A_G = 15$ cm²; z.B. Quaderprisma mit $a = 3$ cm und $b = 5$ cm; $h_K = 3{,}125$ cm
b) z.B. $a = 3$ cm; $b = 4$ cm; $c = 5$ cm; $A_G = 6$ cm²; $h_K \approx 5{,}7$ cm
c) z.B. $a = 3$ cm; $h_a = 5$ cm; $b = 7$ cm; $A_G = 15$ cm²; $h_K = 2{,}5$ cm
d) z.B. $a = 10$ cm; $b = 5$ cm; $c = 4$ cm; $h_a = 4$ cm; $a \parallel c$; $A_G = 28$ cm²; $h_K = 1$ cm

163 Volumen berechnen

Erforschen und Entdecken

1 *Formel zur Volumenberechnung von Prismen anhand von Einheitswürfeln erarbeiten*

a) gelb: 3-seitiges Prisma mit rechtwinkligem, gleichseitigem Dreieck als Grundfläche;
rot: 4-seitiges Prisma mit rechtwinkligem Trapez als Grundfläche
b) gelb: 4,5 Würfel; rot: 10,5 Würfel
c) gelb: 9 Würfel; rot: 21 Würfel
d)

Anzahl Schichten	Anzahl gelber Würfel	Anzahl roter Würfel
1	4,5	10,5
2	9	21
3	13,5	31,5
4	18	42
5	22,5	52,5

Vorgehensweise: In jeder Schicht werden die Anzahl der gelben bzw. roten Würfel **einer** Schicht hinzuaddiert.

2 *Volumen von quaderförmigen und trapezförmigen Prismen vergleichen*

a) Quader 4; 127,5 mm ist der Mittelwert der parallelen Trapezseiten. Alle anderen Maße stimmen überein. $V = 4111{,}875$ cm³ $= 4111875$ mm³
b) Die 860 mm lange Verpackung hat das doppelte Volumen der 430 mm langen Verpackung, denn das Produkt aus Grundfläche und Höhe, also das Volumen, ist bei doppelter Höhe doppelt so groß. (Man kann sich auch vorstellen, für die längere Verpackung zwei der kürzeren Verpackungen hintereinander zu legen.)
c) z.B.: 1) $139 \times 60 \times 610$; 2) $139 \times 120 \times 305$; 3) $139 \times 30 \times 1220$
Lösungswege:
zu 1) Man wählt die Grundfläche (Rechteck) so breit wie die Dreiecksfläche, aber nur halb so hoch. Damit ist das Rechteck genau so groß wie das Dreieck. Bei gleicher Länge hat der Quader dann das gleiche Volumen wie die Tripac-Verpackung.
zu 2) Man wählt die Grundfläche so breit und so hoch wie die Dreiecksfläche. Die Fläche ist dann doppelt so groß wie das Dreieck. Bei halber Länge hat der Quader dann das gleiche Volumen wie die Tripac-Verpackung.
zu 3) Man wählt die Grundfläche so breit wie die Dreiecksfläche, mit nur einem Viertel der Höhe. Die Fläche ist dann halb so groß wie das Dreieck. Bei doppelter Länge hat der Quader dann das gleiche Volumen wie die Tripac-Verpackung.

164 Basisaufgaben

1 *Volumen von Prismen berechnen*

a) 20 cm³ **b)** 96 mm³ **c)** 150 m³ **d)** 17 dm³ **e)** 84 mm³
Lösungswort: MALTA (Kontinent: Europa)

2 *fehlende Größen von Prismen berechnen*

a) $V = 54$ cm³ **b)** $A_G = 17$ m² **c)** $h_K = 12$ dm **d)** $A_G = 3{,}5$ cm² **e)** $V = 2300$ mm³

3 *Grundfläche und Höhe zu gegebenem Volumen angeben*

z.B.:
a) 1) $A_G = 120$ cm²; $h_K = 2$ cm 2) $A_G = 20$ cm²; $h_K = 12$ cm 3) $A_G = 8$ cm²; $h_K = 30$ cm
b) 1) $A_G = 20$ m²; $h_K = 16$ m 2) $A_G = 32$ m²; $h_K = 10$ m 3) $A_G = 8$ m²; $h_K = 40$ m
c) 1) $A_G = 5$ mm²; $h_K = 80$ mm 2) $A_G = 8$ mm²; $h_K = 50$ mm 3) $A_G = 25$ mm²; $h_K = 16$ mm
d) 1) $A_G = 2$ m²; $h_K = 0{,}5$ m 2) $A_G = 0{,}4$ m²; $h_K = 2{,}5$ m 3) $A_G = 10$ m²; $h_K = 0{,}1$ m

4 *Volumen von Dreiecksprismen berechnen; zuvor die Dreiecksfläche berechnen*

a) 60 cm³ **b)** 240 m³ **c)** 520 mm³ **d)** 12 dm³ **e)** 3645 dm³

165 **5** *Volumen von Trapezprismen berechnen; zuvor die Trapezfläche berechnen*

a) 200 m³ **b)** 8000 dm³ **c)** 297 cm³

6 *Volumen von Prismen mit verschiedenen Grundflächen berechnen*

a) 487,5 cm³ **b)** 214,2 m³ **c)** 158,86 dm³ **d)** 121,5 cm³ **e)** 185,4 dm³

7 *Volumen eines Trapezprismas berechnen; Maße einer Zeichnung entnehmen*

$V = 8670$ mm³

8 *Sachaufgabe: Volumen eines Daches (Dreiecksprisma) berechnen*

a) $V = 192$ m³
b) Der Kaminofen darf höchstens 48 Kilowatt Heizleistung haben.

9 *Sachaufgabe: Volumen und Masse eines Dreiecksprismas aus Glas berechnen*

a) $V = 18{,}48$ cm³ **b)** Das Prisma wiegt 53,592 g.

Weiterführende Aufgaben

10 *Volumen von Prismen berechnen; Maße aus Zeichnungen entnehmen*

a) 54 cm³ **b)** 480 cm³ **c)** 1640 cm³ **d)** 360 cm³

11 *Argumentationsübung: Aussagen zu funktionalen Abhängigkeiten beim Prismenvolumen prüfen*

a) richtig; $(2 \cdot A_G) \cdot h_K = 2 \cdot A_G \cdot h_K = 2 \cdot V$ Der gleich gebliebene Grundflächeninhalt wird mit der verdoppelten Höhe multipliziert.
b) falsch; $(2 \cdot A_G) \cdot (2 \cdot h_K) = 4 \cdot A_G \cdot h_K = 4 \cdot V$ Das Volumen vervierfacht sich, denn der verdoppelte Grundflächeninhalt wird mit der verdoppelten Höhe multipliziert.

165 **12** *Sachaufgabe: Volumen eines Sandkastens berechnen*

Die sechseckige Grundfläche lässt sich in sechs gleichseitige Dreiecke mit 1 m Seitenlänge zerlegen. Jedes Dreieck hat eine Höhe von 0,865 m (= 1,73 m : 2).

$A_G = 6 \cdot 0{,}4325\ m^2 = 2{,}595\ m^2$; $V = 2{,}595\ m^2 \cdot 0{,}2\ m = 0{,}519\ m^3$

$0{,}519 \cdot 1300\ kg = 674{,}7\ kg$ Der Sand wiegt etwa 675 kg.

166 Verpackungen für Schokolinsen

Die Schülerinnen und Schüler sollen zunächst an einem konkreten Beispiel das Volumen eines Verpackungsvorschlags berechnen und den Vorschlag so verändern, dass sich eine Produktverbesserung ergibt. Hierbei wird nicht nur das im aktuellen Kapitel erworbene Wissen benötigt, sondern auch auf Kenntnisse vergangener Schuljahre zurückgegriffen. Die „Vorarbeit" soll die dann folgende Arbeitsphase vorbereiten und dadurch erleichtern. In einem zweiten Schritt sollen die Schülerinnen und Schüler in Kleingruppen einen eigenständigen Verpackungsvorschlag entwickeln. Es bietet sich an, die Aufgabe in kooperativer Gruppenarbeit bearbeiten zu lassen.

167 **1**

Körperteil	Volumen	Anzahl	gesamt
Fuß	30 cm³	2	60 cm³
Bein	18 cm³	2	36 cm³
Hand	12 cm³	2	24 cm³
Arm	45 cm³	2	90 cm³
Schulter	1 cm³	2	2 cm³
Oberkörper	210 cm³	1	210 cm³
Brust	28 cm³	1	28 cm³
Kopf	40 cm³	1	40 cm³
„Hut"	3 cm³	1	3 cm³

Das Gesamtvolumen beträgt 493 cm³ und liegt im Toleranzbereich.

2

Das Volumen müsste um 7 cm³ erhöht werden.

Z.B. könnte das Volumen des Hutes von 3 cm³ auf 10 cm³ erhöht werden, indem man ihn mit den Maßen $a = 5$ cm; $b = 1$ cm; $c = 2$ cm gestaltet.

3

individuell verschieden

4

a) individuell verschieden

b) Man könnte z.B. bei gleichbleibendem Preis den Inhalt verringern.

c) Schätzung und Berechnung individuell verschieden

Als Hilfe: 500 cm³ ist etwa das Volumen einer halben Milchpackung; Schokolinsen in einer Verpackung mit 500 cm³ wiegen etwa 250 g bis 300 g. Diese Menge könnte um 75 g bis 90 g reduziert werden, ohne eine Mogelpackung zu sein.

168 Vermischte Übungen

1 *gegebene Netze auf Zusammensetzbarkeit zu Prismen prüfen*

Nur die Netze ① bis ③ sind Netze von Prismen.

Bei ④ ist das kleine Rechteck zu schmal.

In Netz ⑤ hat das rechte Rechteck nicht die Länge der entsprechenden Dreieckseite. Außerdem fehlt eine weitere Grund- bzw. Deckfläche.

⑥ enthält als Grund- und Deckflächen Kreise und ist somit kein Prisma.

2 *zu gegebenen Grundflächen Netze von Prismen zeichnen, V und A_O berechnen*

a) z.B.

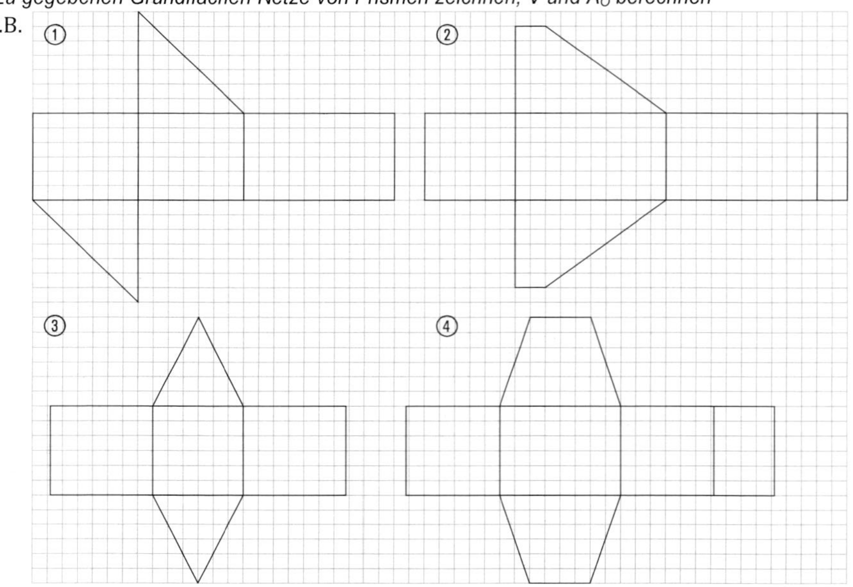

b) ① 18,375 cm³ ② 27 cm³ ③ 13,5 cm³ ④ 27 cm³

c) ① $A_M = 36\ cm^2$; $A_O = 48{,}25\ cm^2$

② $A_M = 42\ cm^2$; $A_O = 60\ cm^2$

③ $A_M = 29{,}4\ cm^2$; $A_O = 38{,}4\ cm^2$

④ $A_M = 36{,}6\ cm^2$; $A_O = 54{,}6\ cm^2$

3 *Zusammenhang zwischen Würfel, Quader und Prisma erklären*

z.B.: Jeder Würfel ist ein Quader und ein Prisma. Ein Würfel ist ein spezieller Quader. Ein Quader ist ein spezielles Prisma.

4 *Volumen und Oberflächeninhalt von Prismen berechnen; Maße den Zeichnungen entnehmen*

a) $A_G = 45\ cm^2$; $A_M = 486{,}4\ cm^2$; $A_O = 576{,}4\ cm^2$; $V = 720\ cm^3$

b) $A_G = 112\ cm^2$; $A_M = 1032\ cm^2$; $A_O = 1256\ cm^2$; $V = 2688\ cm^3$

168 **5** *Netze von Prismen zeichnen; Oberflächeninhalt berechnen*

Zeichenübung; verschiedene Anordnungen möglich

a) ($A_G = 3\ cm^2$; $A_M = 34{,}4\ cm^2$;) $A_O = 40{,}4\ cm^2$
b) ($A_G = 7\ cm^2$; $A_M = 56\ cm^2$;) $A_O = 70\ cm^2$
c) ($A_G = 14\ cm^2$; $A_M = 108\ cm^2$;) $A_O = 136\ cm^2$

6 *Prismen mit gegebenem Volumen zeichnen*

Die Grundfläche muss jeweils 5 cm² groß sein.
Dreieck z.B. mit 2 cm Grundseite und 5 cm Höhe
Parallelogramm z.B. mit 2 cm Grundseite und 2,5 cm Höhe

169 **7** *Fragestellungen zu Berechnungen an Prismen finden*

Sachzusammenhänge und Fragen individuell verschieden, z.B.

a) Nüsse sollen in einem Behälter verpackt werden, der die Form eines Prismas mit rechtwinkligem Dreieck als Grundfläche hat. Die Grundfläche ist ? groß. Das Prisma ist ? hoch. Berechne das Volumen der Verpackung.
b) Kai hat für eine hohe, schmale Flasche eine prismenförmige Verpackung gefunden, die ein rechtwinkliges Dreieck als Grundfläche hat. Er möchte die Oberfläche bekleben. Wie viel Papier benötigt er?
c) Eine Verpackung, die die Form eines Prismas mit einem rechtwinkligen Dreieck als Grundfläche, soll farbig gestaltet werden. Der Einfachheit halber (und als Kostenersparnis) sollen die Dreiecke nicht mit bedruckt werden. Wie groß ist der Inhalt der Fläche, die bedruckt werden soll?

8 *Sachaufgabe zum Querschnitt eines Deiches: Volumen eines trapezförmigen Prismas berechnen*

a) 262 500 m³
b) Schrägen ca. 10,7 m und 7,4 m (nach Zeichnung); $A \approx 105\,500\ m^2$; ca. 2,11 t – 2,64 t

9 *Sachaufgabe zu Betonelementen: Volumen eines Prismas berechnen*

a) $A_G = 1085\ cm^2$; $V = 43\,400\ cm^3 = 43{,}4\ dm^3 = 0{,}0434\ m^3$
b) Das Betonelement wiegt 52,08 kg.
c) Die zu streichende Fläche lässt sich in fünf (z.T. verschieden große) Rechtecke und vier (gleich große) Trapeze zerlegen.
$A = 50 \cdot 40 + 2 \cdot 40 \cdot 40 + 2 \cdot 50 \cdot 10 + 4 \cdot (7 + 12{,}5) : 2 \cdot 30 = 6200 + 1170 = 7370$
Die zu streichende Fläche ist 7370 cm³ groß.

10 *Sachaufgabe: Berechnungen rund um einen Sandkasten*

Die Abkürzung „cbm" steht für m³ (Kubikmeter).

a) $V = 0{,}5\ m^3 = A_G \cdot 0{,}31\ m$; also ist $A_G = 0{,}5\ m^3 : 0{,}31\ m \approx 1{,}6\ m^2$
Die Grundfläche hat demnach ca. 1,6 m² Flächeninhalt.
b) Die Grundfläche ist ein regelmäßiges Sechseck, das aus sechs gleichseitigen Dreiecken besteht. Eine Seitenfläche ist so lang wie der halbe Durchmesser.

169 **10** (Fortsetzung)

c) Bestätigung mit Hilfe der Zeichnung; sinnvoll ist z.B. ein Maßstab von 1: 20.
Nach Messung und Umrechnung ergibt sich für ein Teildreieck des inneren Sechsecks eine Seitenlänge von ca. 0,77 m und eine Höhe von ca. 0,67 m. Damit erhält man für das Sechseck einen Flächeninhalt von ca. $6 \cdot (0{,}77\ m \cdot 0{,}66\ m) : 2 \approx 1{,}55\ m^2$ (passt zum in a) errechneten Wert von 1,6 m²).

11 *Sachaufgabe: Berechnungen rund um einen Container*

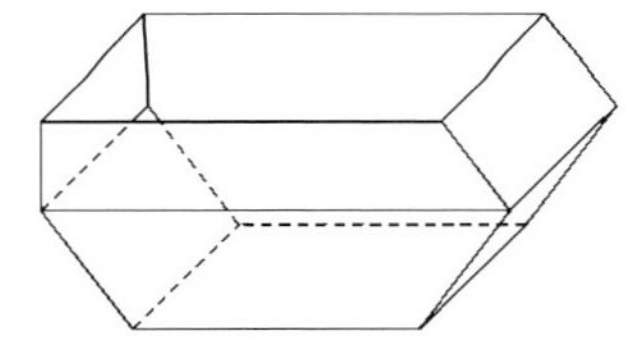

a) Maßstab hier 1:100
(Zum Vergleich ist 400 % Vergrößerung nötig.)
b) Höhe im oberen Teiltrapez in der Wirklichkeit:
$1{,}4\ m - 0{,}8\ m = 0{,}60\ m$
$A_G = 3{,}725\ m^2$; $V = 7{,}45\ m^3$
c) Nein, die beiden Teiltrapeze haben nicht gleiche Flächeninhalte. Das untere Trapez hat einen kleineren Flächeninhalt als die obere Fläche aus zwei Trapezen, weil diese breiter sind.
d) Hier kann es zu größeren Ergebnisabweichungen kommen, da Maße aus der Maßstabszeichnung entnommen und umgerechnet werden müssen.

Schutthöhe (in cm)	0	15	30	45	60	75
Volumen (in m³)	0	0,60	1,28	2,01	2,82	3,69

Darstellung sinnvoll mit Hilfe eines Tabellenkalkulationsprogramms

170 Schwimmbecken

a) Zeichenübung

b) Ja, das Nichtschwimmerbecken hat die Form eines Prismas mit einem rechtwinkligen Dreieck als Grundfläche. Grund- und Deckflächen sind deckungsgleich und parallel zueinander. Die Seitenflächen sind Rechtecke, die senkrecht auf der Grundfläche und auf der Deckfläche stehen.

c) $A_G = 3\ m^2$; $V = 15\ m^3$

d) $A = 30{,}5\ m^2 + 5\ m^2 + 2 \cdot 3\ m^2 = 41{,}5\ m^2$
Es werden mindestens 42 Quadratmeter Kacheln benötigt.

e) Beide haben Recht. Das Prisma mit der sechseckigen Grundfläche lässt sich zerlegen in zwei Quader mit den Grundflächen 10 m × 3 m und 7,5 m × 1,5 m. Das Prisma mit der trapezförmigen Grundfläche wird durch den Zwischenraum gebildet.

f) $A_G = 30\ m^2 + 16{,}875\ m^2 + 11{,}25\ m^2 = 58{,}125\ m^2$; $V = 1162{,}5\ m^3$

g) Zeichenübung, z.B.:
Maßstab 1:200
(hier auf verkleinertem Kästchenraster)

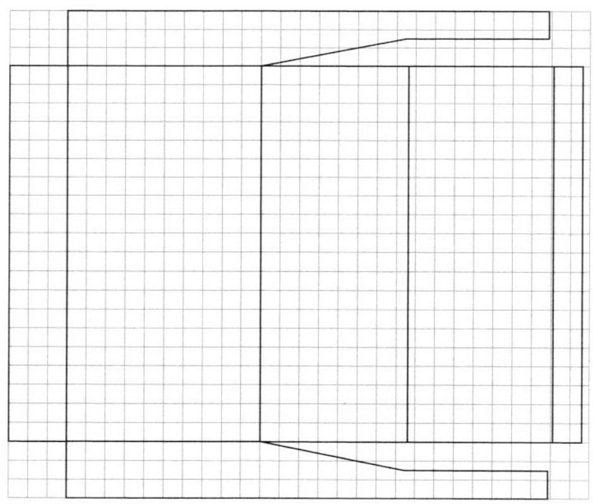

h) z.B. Quader mit Grundfläche 22,5 m² (z.B. 9 m × 2,5 m) und „Höhe“ 10 m
oder Dreiecksprisma mit Grundfläche 12,5 m² (z.B. 2,5 m × 10 m) und „Höhe“ 18 m